Das Pfälzer Tischler[illegible]ch

Das Pfälzer
Tischleindeckdich

Von Rolf Schlicher (Texte) und Gabi Himmer (Fotos)

Inhalt

SEITE

Die angegebenen QR-Codes enthalten die genauen Geo-Koordinaten der Picknick-Plätze, damit lassen sich die Orte exakt anzeigen.

Picknickplätze

AUF DEM FELSEN:

① **Rotenstein** (Hinterweidenthal)
② **Reißender Fels** (Jakobsweiler)
⑦ **Kirschfelsen** (Rinnthal)

AM WASSER

③ **Kollerinsel** (Otterstadt)
④ **Leinbachtal** (Weidenthal)
⑨ **Kranzwoog** (Dahn)

IM GRÜNEN

⑤ **Modellflugplatz** (Althornbach)
⑪ **Bogenschieß-Parcour** (Matzenbach)

AUF DEM HÜGEL

⑥ **Warteturm** (Albisheim)
⑧ **Burg Stauf**

DIE EXOTEN

⑩ **Steinbruch** „Kriemhildenstuhl" (Bad Dürkheim)
⑫ **Düne** „Ameisenbuckel" (Dudenhofen)

Sonnenuhren

Die längsten Bänke der Pfalz

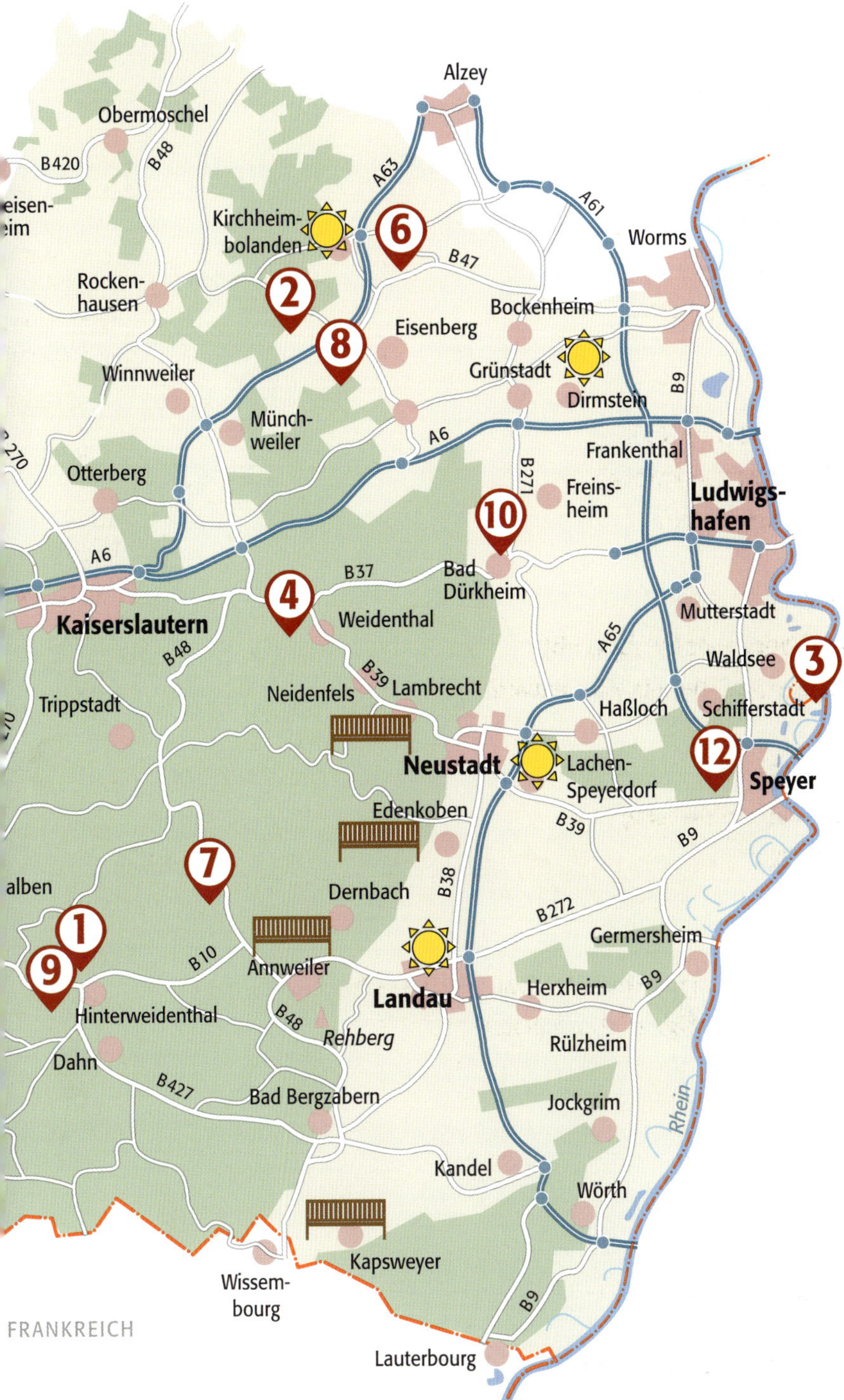
Alzey
Obermoschel
B420
B48
A63
eisen-
eim
Kirchheim-
bolanden
6
A61
Worms
B47
Rocken-
hausen
2
Bockenheim
8
Eisenberg
Winnweiler
Grünstadt
Dirmstein
B9
Münch-
weiler
A6
Frankenthal
270
Otterberg
B271
Freins-
heim
Ludwigs-
hafen
10
A6
B37
Bad
Dürkheim
4
Kaiserslautern
Weidenthal
Mutterstadt
B48
A65
Waldsee
3
B39
Lambrecht
Trippstadt
Neidenfels
Haßloch
Schifferstadt
Neustadt
Lachen-
Speyerdorf
12
Speyer
Edenkoben
B39
B9
7
alben
Dernbach
B38
B272
1
9
B10
Annweiler
Germersheim
Landau
Herxheim
B9
Hinterweidenthal
B48
Rehberg
Rülzheim
Dahn
B427
Bad Bergzabern
Jockgrim
Rhein
Kandel
Wörth
Kapsweyer
Wissem-
bourg
B9
FRANKREICH
Lauterbourg

Allererste Sahne

Erdbeerkuchen, Ziegenkäse-Muffins und Fleischpastete am Rotenstein

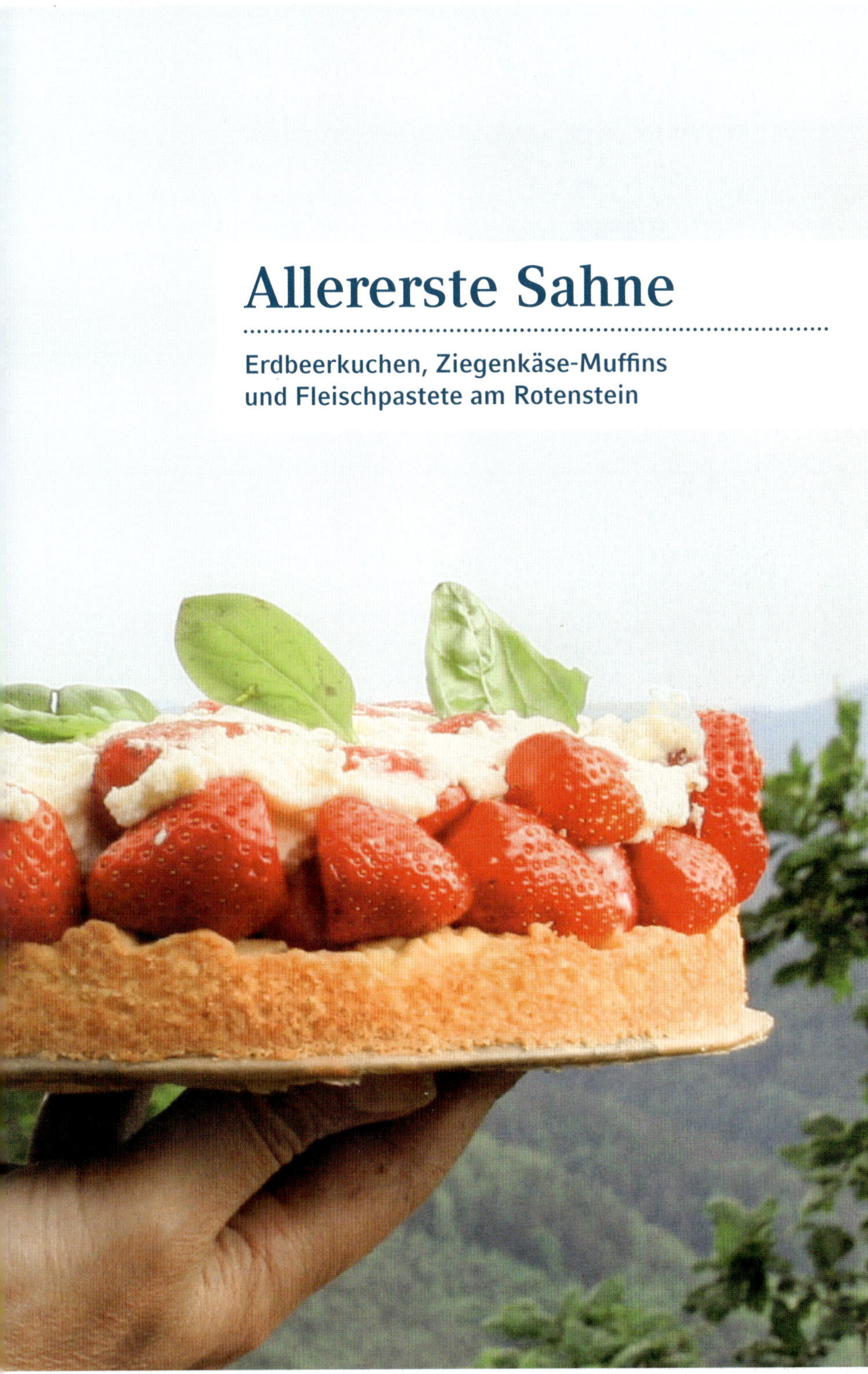

Der Weg zum Rotenstein führt durch eine besonders geschützte Kernzone des Biosphärenreservats Pfälzerwald-Nordvogesen.

Der Rotenstein liegt 442 Meter hoch, vom Bahnhof Hinterweidenthal sind es etwa 45 Minuten Fußweg dorthin. Der Platz ist ein Traum – freier Blick zum Wasgau-Panorama, eine offene Schutzhütte mit Bänken. Und auf dem Gipfelplateau liegt ein großer Sandsteinklotz, der sich als Picknick-Tisch geradezu aufdrängt. 1910 hat ein Pirmasenser Naturfreundeverein diese Steinhütte errichtet. Was für eine gute Wahl; die Erbauer müssen echte Pfalzgenießer gewesen sein.

Pfalzliebhaber sind auch Hedwig, Rainer und Rolf. Sie haben diese Landschaft ins Herz geschlossen. Freuen sich auf Überraschungen und kleine Entdeckungen. Und sie kochen gerne zusammen. An einem dieser Küchenabende hatte Hedwig plötzlich gesagt: „Warum machen wir nicht einmal ein Picknick?“ „Mit Leberwurstbrot und Gurke?“, fragte Rolf. „Nein, so richtig schön mit Decke, Gläsern und leckeren Sachen“, sagte Hedwig. Auch in der Küche roch es bereits verführerisch. An diesem Abend sollte es Rehschulter geben. Rainer, der gerade die Kartoffelknödel rollte, sah auf. „Ich weiß nicht“, meinte er zu der Picknick-Idee. Rainer wandert gerne viel und schnell. Lange Pausen sind dabei nicht seine Sache. Doch er liebt es, wenn er am Herd Dinge kombinieren kann, die auf den ersten Blick überhaupt nicht zueinander passen. Und die dann doch perfekt miteinander harmonieren. Dafür hat er ein geschicktes Händchen und eine Menge Ideen. „Komm schon“, sagte Rolf, „so eine Fleischpastete duftet in der frischen Luft ganz anders, viel intensiver.“ Und Hedwig meinte: „Das ist wie Urlaub, in die Ferne sehen, die Füße in die Sonne strecken, dazu ein Schluck Wein und ein Stück Quiche." Rainer rollte weiter Kartoffelknödel, dann stimmte er zu: „Aber die Orte müssen perfekt sein, wir brauchen für unser Picknick den schönsten Platz, den es gibt."

Eine perfekte Sahnemaschine für unterwegs: Die Blechröhre mit Stampfer und Siebscheiben arbeitet schneller als manches Elektromodell.

Wird der Rotenstein diesem Anspruch gerecht werden? Die Frage gehört beim Aufstieg quasi zum Gepäck. Diese Erwartung wiegt fast schwerer als der Proviant. Zusammen haben Hedwig, Rainer und Rolf ihr erstes Picknick vorbereitet: Natürlich soll es Fleischpastete geben. Dazu Ziegenkäse-Muffins und zum krönenden Abschluss Erdbeerkuchen mit Sahne. Doch wie bringt man einen Erdbeerkuchen im Rucksack heil hoch auf diesen Gipfel? Rainer hat die einfache und überzeugende Lösung: Der Mürbeteigboden bleibt in der Backform, das Kilo Erdbeeren wird gesondert in einer Dose transportiert und die Sahne erst auf dem Rotenstein verarbeitet.

„Klack, klack, klack" macht die Sahnemaschine. Ein mechanischer Oldtimer, wohl 60, 70 Jahre alt. „Ich habe damit schon als Kind zu Hause immer die Sahne geschlagen", sagt Hedwig. „Klack, klack, klack." Picknicken kann so schön sein, wenn man zuvor an alles gedacht hat. Diese Sahnemaschine ist eine Blechröhre, in die ein Metallstampfer mit drei Siebscheiben eingesetzt ist. Hochziehen und herunterdrücken. Und wieder hochziehen und drücken. Es geht überraschend schnell. Noch ein paar Mal „klack, klack, klack", noch ein paar Mal ziehen, drücken und die Sahne ist steif.

Gut, dass Hedwig gerne alte Dinge aufbewahrt. Denn wer sich heutzutage solch einen Apparat zulegen möchte, muss lange suchen. Unter den 14.000 zeitgeschichtlichen Objekten,

Vor der Schutzhütte liegt eine große Felsplatte – mit einer Tischdecke wird sie im Handumdrehen zur Festtafel. Rainer, Rolf und Hedwig (von links) haben für ihr erstes gemeinsames Picknick an fast alles gedacht.

die beispielsweise der hessische Requisitenfundus „Profilm" an Museen, Werbefotografen oder Filmteams verleiht, befindet sich auch eine „Klack-Klack-Klack"-Sahnemaschine aus dem Jahr 1946. Für 20 Euro am Tag kann man sie ausleihen! Sapperlot.

Die drei Freunde machen an diesem Tag ihren eigenen Film. Es ist ein sonniger Nachmittag. Vom Rotenstein aus entdeckt der Blick den Luitpoldturm auf dem Weißenberg, die Dahner Berge, ja sogar den Maimont, den 513 Meter hohen Grenzberg zwischen Deutschland und Frankreich. Warum lieben so viele Menschen Fernsichten? „Um die Seele schweifen zu lassen", meint Hedwig. Dieses Panorama-Picknick auf dem

Rotenstein ist eine Hollywoodschaukel für die Seele. Sie kann dort hin und her schwingen. „Wie weit man wohl von hier oben sehen kann, wenn die Sicht ideal ist?", fragt Rolf. „Manche meinen, bis zu den Alpen", sagt Rainer und reckt sich ein Stück. Es sieht aus, als ob er das jetzt nachprüfen möchte.

Einmal Händewaschen: Nach einem kräftigen Regenguss ist dies für Picknicker auf dem Rotenstein kein Problem.

Vor dem Erdbeerkuchen gibt es die selbst gemachte Fleischpastete. Schweinebauch, Entenbrust und Hühnerleber hat Hobbykoch Rainer dafür als Zutaten gewählt. Köstlich. Doch er ist mitunter ein kritischer Mensch: „Sie ist zu grobkörnig, das nächste Mal nehme ich besser zwei Eier." Die beiden anderen widersprechen sofort: „Nein, die Pastete ist eine feine Sache." Das liegt nicht zuletzt an Rainers Gewürzmischung, die er „Geheimpfeffer" nennt. Kardamom und Koriander kommen dafür mit in die Pfeffermühle. Auf dem Rotenstein-Plateau gibt es eine Feuerstelle, an den Wänden der Schutzhütte hängen gleich mehrere Grillgitter. Man sieht, dass sie wohl häufiger benutzt werden. Jetzt ein paar Grillbratwürstchen? Nur ungern. Mit einem Stück dieser Pastete auf dem Pappteller gibt es keine anderen Sehnsüchte und Wünsche mehr.

Picknicker vergessen gerne die Zeit; an solch einem herrlichen Platz allemal. Von Pirmasens zieht es schwarz herüber. Blitze zucken, die Dahner Berge verschwinden, der Regen ist heftig. Die Schutzhütte auf dem Rotenstein hat glücklicherweise ein dickes Betondach. Und genügend Platz auf den Bänken. Wer bei solchem Wetter hier sitzt, ist sich sicher: Nirgendwo mundet ein Stück Erdbeerkuchen besser. Zumal auch dabei eine Prise „Geheimpfeffer" herauszuschmecken ist ...

Als der Wasgau nach dem Gewitter wieder aus dem Dunst auftaucht, hat er ein anderes Gesicht: Wolkenfontänen schießen über den Dahner Bergen hoch. Kurzer Abwasch im Regenwasser, das vom Hüttendach tropft. Alles kommt wieder in die Rucksäcke, auch der Abfall natürlich. Dann der Abstieg nach Hinterweidenthal. Ein letzter Blick zurück zum Rotenstein. Der nasse Felsen zeigt jetzt erst richtig, woher er seinen Namen hat. Das Rot leuchtet kräftig. Hedwig streicht über das Tropfwasser, das über den Stein schliert. Sie lacht: „Fast wie Tortenguss auf einem Erdbeerkuchen."

INFO

HINKOMMEN

Bei Hinterweidenthal von der B 10 nicht in den Ort, sondern gegenüber auf der Nordseite in einen kleinen Tunnel abbiegen. Man unterquert die Zufahrtsstraße zum Bahnhof und die Gleise und gelangt so durch den Tunnel zum Wanderparkplatz im Ziegler Tal. Von dort ist die Route zum Rotenstein ausgeschildert (Markierung: grün-gelber Balken, etwa 45 Minuten). Hinter dem Tunnel beginnt links der Weg, es geht zunächst einen kurzes Stück über einen Forstweg, nach 100 Metern zweigt dann links ein Pfad ab, der schnell ansteigt. Mehrere Baumhindernisse. Der Weg führt in diesem Abschnitt durch eine besonders geschützte Kernzone des Biosphärenreservats Pfälzerwald-Nordvogesen („Quellgebiet der Wieslauter"). Man gelangt erneut auf einen Forstweg. Nach etwa 20 Minuten aufpassen, dass man den Abzweig nach links nicht verpasst. Das Picknick auf dem Rotenstein kann in eine 15,5 Kilometer lange Rundwanderung bis zur Burgruine Gräfenstein eingebaut werden.

BESCHREIBUNG

www.wanderportal-pfalz.de
(Tour 13: „Durchs Ziegler Tal zum Merzalber Schloss"; dazu klicken auf: Wanderungen, Rundwanderungen, Übersicht).

„Und wie ist unsere Wertung?“, fragt Rolf, als zwischen den Bäumen das Tal und der Wanderparkplatz wieder zu sehen sind. „Note 2 minus“, lautet Rainers Picknickplatz-Testurteil. Donnerwetter! Er ist eben ein etwas kritischer Mensch. Die beiden anderen meinen dagegen: „Ein Picknick auf dem Rotenstein ist allererste Sahne.“

Wird vom Pfälzerwald-Verein Münchweiler betreut: die Rastanlage auf dem Rotenstein.

DER PLATZ
Schutzhütte mit Panoramablick für ca. 18 Personen, Bänke, Tisch, Papierkorb.

BAHNHOF
Hinterweidenthal

KARTE
Naturpark Pfälzerwald, Bl. 5, Vom Johanniskreuz bis Pirmasens, ISBN 978-3-89637-401-1.

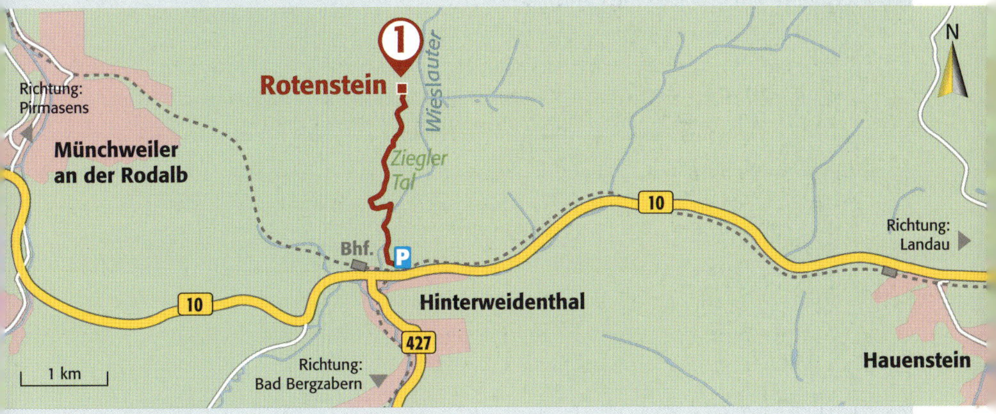

Fernsichten im Pfälzerwald

Höhenluft herrscht in der Pfalz bereits ab 600 Metern: Denn viel mehr ragt keiner der Gipfel zwischen Weinstraße, Wasgau und Westrich empor. 16 Berge dieser Kategorie besitzt die Pfalz, sie sind zwischen 604 Meter (Taubenkopf) und 687 Meter (Donnersberg) hoch. Nicht alle eröffnen den Besuchern einen grandiosen Rundblick, etliche dieser Erhebungen sind wie beispielsweise der Kesselberg ringsum zugewachsen. Einer der 600-er, die weite Aussichten bieten, ist der Hohe-Loog-Gipfel bei Neustadt. Der Pfälzerwald-Verein hat dort eine Panoramatafel aus Metall montiert, die ein Wegweiser zu Zielen in der Ferne ist: „Freiburg 148 km", „Straßburg 86 km" oder „Baden-Baden 64 km". Wenn die Rheinebene unter einem Nebelmeer liegt und die Hohe Loog über den Wolken zu thronen scheint, ist die Aussicht besonders bewegend und ungetrübt vom Alltag: Dann reicht der Blick hinüber zu den Gipfeln des Schwarzwaldes. Vielleicht auch bis zu den Alpen?

Vor über 100 Jahren behaupteten mehrere Pfalzkenner dies. So der Schriftsteller August Becker (1828-1891), bekannt durch sein Werk „Die Pfalz und die Pfälzer", oder der Neustadter Gymnasialprofessor Christian Mehlis (1850-1933), der als eine Art Universalgelehrter über seine geschichtlichen und geologischen Studien zahlreiche Schriften verfasst hat. Mehlis wollte von der 673 Meter hohen Kalmit an einem kalten Wintertag die charakteristischen Spitzen der Berner Alpen, also Jungfrau und Mönch, gesehen haben. Zweifel an dieser Weitsicht gab es bereits damals. Zu Recht.

Intensiv mit der Materie beschäftigt hat sich Winfried Lang, Professor für Elektrotechnik an der Dualen Hochschule Mannheim. Er hat unlängst den Beweis geführt, dass die Alpen von der Pfalz aus nicht gesichtet werden können. Nicht wegen der Erdkrümmung, sondern einfach deshalb, weil sich dem Sehstrahl zu viele Hindernisse in den Weg stellen. Fernsicht-Experte Lang: „Der Schwarzwald müsste in sei-

Weitblicke sind von den Witterungsverhältnissen abhängig: Als „exzellent“ gelten im Pfälzerwald Fernsichten, bei denen sogar noch Ziele in über 160 Kilometer Entfernung zu erkennen sind.

nem südlichen Teil auf 600 Meter über NN abgetragen werden, um die Sicht auf das Berner Oberland freizugeben – doch wer sollte sich so etwas schon ernsthaft wünschen?“

Wohl niemand. Denn auch so gibt es im Pfälzerwald genügend Aussichten, die faszinieren. Dem Wunsch des Menschen, in die Ferne schauen zu können, hatte man schon zu Beginn der Erschließung des Pfälzerwaldes Rechnung getragen: Davon zeugen vor allem die rund zwei Dutzend Türme, die auf verschiedenen Bergrücken gebaut wurden. Als der Star unter diesen Aussichtspunkten gilt der Rehbergturm bei Annweiler. 1862 wurde er errichtet. Der Rehberg ist mit seinen 576 Metern zwar keiner aus der Riege der Pfälzer 600er, aber er eröffnet eine grandiose, ungehinderte Rundschau in alle Himmelsrichtungen. Das bieten weder Kalmit noch Hohe Loog. Das 360-Grad-Panorama

Über die 49 Stufen der Wendeltreppe geht es ganz nach oben: Der Aussichtsturm auf dem Rehberg ermöglicht einen ungehinderten Panoramablick.

auf dem Rehberg ist atemberaubend. Für viele ist die Aussicht, die sich von dort bietet, deshalb die beeindruckendste der ganzen Pfalz.

Der Rehberg-Zauber wirkte auch schon zu Zeiten von Becker und Mehlis. In seinem 1899 erschienenen Annweiler-Führer schreibt so beispielsweise der „königliche Studienlehrer“ Franz Ramsauer: „Ist dem Besucher des weithinschauenden Berges ein klarer Tag beschieden, so wird sein Blick ein unermessliches Rundbild umfassen, vom Donnersberg im Norden bis zum Feldberg im Süden, von den äußersten Bergketten der Vogesen im Westen bis zum Odenwald und der Bergstraße im Osten.“

Voraussetzung für solche Sichterlebnisse ist, wie Ramsauer treffend bemerkte, „ein klarer Tag“. Wer weit schauen möchte, muss zur richtigen Zeit am richtigen Ort sein. Im Bereich des Pfälzerwaldes hilft dabei seit 2012 der Infoservice „Fern-Sehen“. Eine Messstation auf der Kalmit erfasst die Sichtverhältnisse im Pfälzerwald systematisch und im Fünf-Minuten-Takt. Wer sich auf der Internetseite von „Fern-Sehen“ registrieren lässt und seine Wunschsichtweite hinterlegt, der wird per SMS oder E-Mail informiert, wenn die Bedingungen für ein tatsächliches Fern-Sehen stimmen. Die Sichtqualität wurde dafür in vier Stufen eingeteilt. Als schlecht gelten Weiten bis 26 Kilometer, passabel sind Distanzen bis 65 Kilometer, als „hoch" ist eine Sicht bis 159 Kilometer definiert. Alles, was darüber liegt, bekommt das Prädikat „exzellent". Professor Winfried Lang hat die Sichtmessstation auf der Kalmit entwickelt, betrieben wird sie von Landesforsten Rheinland-Pfalz und deren „Haus der Nachhaltigkeit" (Johanniskreuz).

Die Initiatoren von „Fern-Sehen im Pfälzerwald" sahen sich seit dem Start immer wieder mit der Frage konfrontiert, wie weit man denn im besten Fall über die Lande schauen könne. Ihre Antwort: „Nun gut, mit einem seriösen Ansatz kommt man zu dem Ergebnis, nach 391 Kilometern ist Schluss." Es ist also bei optimalen Bedingungen tatsächlich möglich, weit entfernte Ziele wie beispielsweise die Berner Alpen zu sehen – es dürfen eben nur keine Schwarzwald-Berge dazwischen liegen.

Info

„Fern-Sehen im Pfälzerwald": Aktuelle Sichtweiten, viele Erläuterungen und Möglichkeit zur Registrierung auf www.fernsehen-pfalz.de oder www.hdn-pfalz.de.

Rehbergturm: Ab Wanderparkplatz „Rehberg" an der Verbindungsstraße Annweiler – Trifels beginnt der Aufstieg gegenüber der Kletterhütte am Asselstein. Etwa 30 Minuten Gehzeit bis zum Gipfel. Der Rehberg liegt am „Weg der Aussichten" von Kaiserslautern zur Burgruine Guttenberg, Flyer: www.kaiserslautern.de („Tourismus", „Kaiserslautern erleben", „Wandern").

Liste der Top-Aussichtspunkte im Pfälzerwald: www.wanderportal-pfalz.de.

Auf der Hohen Loog (618 m) ist das vom Pfälzerwald-Verein Hambach bewirtschaftete Haus mittwochs, samstags und an Sonn- und Feiertagen geöffnet. Internet: www.pwv-hambach.de.

Rainers Fleischpastete

350 g Schweinebauch
100 g fetter Speck (Lardo)
2 Entenfilets mit Haut
2 Scheiben Pumpernickel
125 ml roter Portwein
Petersilie, gehackt
1 Karotte
2 Stangen Staudensellerie
2 Schalotten
2 Eier
150 g Sahne
30 g grüner Pfeffer
Muskat
geschroteter Pfeffer, mit Kardamom und Koriander mischen
Salz

❶ Fleischstücke durch den Wolf drehen, anschließend die beiden Pumpernickelscheiben. Beides 2 Stunden in dem Portwein marinieren.
❷ Karotte, Schalotten und Staudensellerie sehr klein schneiden und zu der Fleischmasse geben.
❸ Die Masse ohne Ei und Sahne mit den Gewürzen abschmecken, erst dann das Ei-Sahne-Gemisch unterheben und durchrühren.
❹ Eine Pastetenform mit dem fetten Speck auskleiden, die Fleischmasse einfüllen und im Backofen im Wasserbad ca. 2 Stunden garen.

Ziegenkäse-Muffins mit Kräutercreme

300 g Ziegenhartkäse (ca. ⅓ gerieben, ⅔ klein gewürfelt)
120 g Mehl
160 g Haselnüsse (¾ gemahlen, ¼ gehackt)
1 Päckchen Trockenhefe
3 Eier
120 ml Olivenöl
120 ml Milch
2 EL Dijon-Senf
4 Zweige frischer Thymian
1 TL Wildhonig
Salz
Cayennepfeffer

Für die Kräutercreme

200 g Ziegenfrischkäse
1 Bund Schnittlauch, kleingeschnitten
1 Bund Petersilie, gehackt
1 Handvoll Kresse
20 g Kapern, gehackt
70 ml Sahne
Salz

❶ Gemahlene Haselnüsse mit Mehl, Hefe und Salz mischen. Eier dazugeben und verrühren.
❷ Milch, Öl, geriebenen Käse einrühren, bis ein glatter Teig entsteht.
❸ Gehackte Haselnüsse in einer Pfanne anrösten. Thymianblätter abzupfen. Zusammen mit den übrigen Zutaten unter den Teig mischen.
❹ Teig in Muffinförmchen füllen. Im vorgeheizten Ofen 20 Minuten bei 175 Grad, dann weitere 5 Minuten bei 225 Grad backen.
❺ Für die Kräutercreme Frischkäse mit der Sahne verrühren, das gehackte Grün und die Kresse unterrühren. Mit Salz abschmecken.

Perfekter Schnitt

Liptauer und Mandelplatte auf dem „Reißenden Felsen“ am Donnersberg

Rund 55 Naturwaldreservate gibt es in Rheinland-Pfalz: Das Wildensteiner Tal am Fuße des Donnersbergs ist eines dieser Gebiete. Auf Pflegemaßnahmen und Bewirtschaftung wird dort verzichtet.

Eskimos haben angeblich 90 verschiedene Wörter für Schnee. Im Wildensteiner Tal am Fuße des Donnersbergs bräuchte man mindestens zwei Dutzend Wörter für Grün. Die Varianten, Schattierungen, Spielarten des Wildensteiner Grüns sind berauschend – und beruhigend zugleich. Das Grün vibriert hier in der Luft: moosgrün, lindgrün, tannengrün, froschgrün. Die deutsche Sprache kann diese Vielfalt nur unzureichend fassen und muss deshalb in der Natur nach Vergleichen suchen. Wie würde wohl ein Eskimo dieses Stück Pfalz beschreiben?

Das Wildensteiner Tal ist eines von rund 55 Naturwaldreservaten in Rheinland-Pfalz. Diese Flächen werden ihrer natürlichen Entwicklung überlassen, sie sollen „zu den Urwäldern

Wer sich nicht auf den Boden setzen will, muss sich bücken: nach dem Aufstieg zum „Reißenden Felsen" erst ein Schluck Wein und dann eine lange Rast mit Brot und Hausmacherwurst.

von morgen werden", wie Förster sagen. Eine grüne Hölle ist das Tal sicherlich nicht, eher ein grünes Paradies. 1972 bereits wurde das Areal aus der Waldbewirtschaftung herausgenommen. Auf einem Schild der Forstverwaltung, das am Weg entlang des Baches steht, heißt es: „Totholz ist Leben." Wie große Mikadostäbe hängen entwurzelte Baumstämme zwischen Himmel und Erde. Mitunter übertreiben die Förster es ein wenig mit dem morbiden Wildensteiner Charme: Auch manche Pfosten mit Naturschutzgebiet-Schildern liegen abgefault am Wegesrand.

Hoch über dem Wildensteiner Tal ragt der „Reißende Fels" auf. Das kleine Plateau ist einer dieser magischen Orte in der Pfalz. Und ein wunderbarer Picknick-Platz. Hier zerreißt

„Da geht es zum Adlerbogen und dort hinten weiter zur Ruine Wildenstein", am Donnersberg gibt es viele lohnende Ziele.

nichts, hier schwebt man über dem Wildensteiner Grün. Der Blick geht weit in die Ebene. Und wieder zurück. Gleich da unten liegt Jakobsweiler. Das idyllische Dorf ist von der Pfälzer Schriftstellerin Susanne Faschon immer wieder liebevoll beschrieben worden. Sie hatte Ende der 1970er-Jahre ihr Herz an den Ort verloren. Auch an die Gässchen, von denen eins so winzig sein soll, dass man es nur quer im Krabbengang passieren kann. Jakobsweilers Wappenfarbe? Natürlich grün.

Es reichen manchmal auch Kleinigkeiten, um ein Picknick zum Genuss und Erlebnis werden zu lassen. Etwas Hausmacher. Eine Tischdecke. Etwas selbstgemachter Liptauer aus einem Brie de Meaux – nicht zu buttrig, nicht zu knochig, ziemlich kümmelig. Und dazu eine fast noch warme „Gimmeldinger Mandelplatte". Hedwig hatte den Blechkuchen erst kurz vor der Abfahrt aus dem Backofen geholt – der ganze Rucksack duftet nach ihm.

Rainer beißt ins Blutwurstbrot, Rolf in ein Stück luftgetrockneten Schwartenmagen. „Einfach nur so ein Leberwurstbrot, das schmeckt doch am besten", sagt Hedwig. Als die Picknick-Idee vor einigen Wochen geboren wurde, stand solch eine deftige Brotzeit noch gar nicht so hoch im Kurs. Doch der Wind dreht sich mitunter. Auch am „Reißenden Felsen".

Die drei genießen die Pfalz gerne pur. Ungefiltert und ohne Schnickschnack. Blutwurst gehört für sie deshalb nicht in Strudelteig eingewickelt oder in Tintenfisch-Tuben gestopft, wie das Sterneköche mitunter gerne tun. „Das sind unpfälzische Albernheiten", ist sich das Trio einig.

Hier oben auf dem „Reißenden Felsen“ erscheint der Rest der Welt miniaturhaft. Jakobsweiler und sein eigenwilliger Kirchturm inklusive. Dazu passt, dass es unten im Dorf ein Puppenstubenmuseum gibt. Den Donnersberg haben die drei Picknicker im Rücken, der mächtige Vulkankegel ist der höchste Berg der Pfalz. „Noch eine Scheibe bitte vom Heidebrot, Rainer“, sagt Rolf. Wer auf dieser Felskante sitzt, steht nicht gerne auf. Rainer hat seinen „Schnittfix 2“ dabei. Der stammt aus den 1950er Jahren; die Firma „Gebr. Schneble“ aus dem baden-württembergischen Gailingen hatte damit ein Haushaltsgerät herausgebracht, das heute zu Unrecht in Vergessenheit geraten ist. Denn der „Schnittfix“ ist die elegante und verblüffend einfache Lösung für ein Problem: Wie schneidet man ohne Maschine vom Brot gleichmäßige Scheiben ab? Mit dem „Schnittfix 2“! Ein magisches Messer an einem magischen Ort: Parallel zur scharfen Klinge verläuft eine Schiene, die man an das Brot anlegt. Das Resultat sind perfekte Scheiben.

Decken ausschütteln und zusammenfalten: So enden die meisten Tischleindeckdichs der drei Freunde.

Rainer macht dies ohne Brett und freihändig. Kein Kunststück. Denn bei ihm ist der „Schnittfix 2“ nicht nur ein Picknick-Besteck, der Hobbykoch setzt ihn täglich ein. Eine elektrische Brotschneidemaschine ist in seiner Küche verpönt.

Um was kreisen Picknick-Gespräche? Auf dem „Reißenden Felsen“ entschleunigen sich auch die Gedankensprünge. Brauchen wir mehr als ein Wort für Picknick? Nein! Aber wo kommt der Begriff her? „Weil man dabei picken und nicken muss“, versucht es Rainer mit einem Wortspiel. „Vielleicht war‘s ein Monsieur Picnique, der das erfunden hat“, spinnt

Rolf das Puzzle weiter. Hedwigs iPhone schafft Klarheiten, auch am Donnersberg reißt damit der Kontakt zum Internet und zu dem darin angehäuften Weltwissen nicht ab: „Den meisten Quellen zufolge ist das Wort Picknick französischen Ursprungs und kam im 17. Jahrhundert im Zusammenhang mit der adligen Mode auf. Es setzte sich zusammen aus piquer für ‚aufpicken' und nique für ‚Kleinigkeit'." Die drei nicken zustimmend.

INFO

HINKOMMEN

Der Wanderparkplatz neben dem Gasthaus Wildenstein an der L 394 bei Jakobsweiler ist ein guter Startpunkt. Zunächst führt die Strecke ein kurzes Stück auf dem „Pfälzer Höhenweg" Richtung Steinbach. Wenn der Forstweg eine Linkskurve macht, verlässt man den „Pfälzer Höhenweg" wieder und wandert geradeaus ins Wildensteiner Tal. Markierungen: blaues W, blau-roter und gelber Balken. Es geht immer am Bach entlang. An der ersten Brücke über den Bach muss man die Route wechseln. Der Forst hat inzwischen den weiteren Talwanderweg „aus Sicherheitsgründen aufgegeben". Wie um das zu unterstreichen, liegen hinter der Absperrung reihenweise umgestürzte Bäume. Offiziell geht der Weg so weiter: Den Markierungen nach rechts folgen, auf einem Pfad steigt man den Hang hoch. Nach dem Überqueren eines Hohlwegs stößt man erneut auf den „Pfälzer Höhenweg". Diesen verlässt man aber schon nach einem kurzen Stück wieder: Wenn der Pfad auf einen Forstweg trifft, in diesen nach links abbiegen. Ab dieser Stelle verlässt man auch die Markierungen blaues W, blau-roter und gelber Balken; die Strecke ist jetzt als Nummer 2 markiert. Der Weg führt an einer Bank vorbei. Wenn der Forstweg eine Linksbiegung macht, zweigt links ein unmarkierter Pfad ab, an dieser Stelle steht ein Naturschutzgebiet-Schild. Wer möchte, kann aber auch der Markierung Nummer 2 weiter folgen, sie zweigt dann ca. 200 Meter weiter hoch ebenfalls nach links ab. Auch auf diesem Weg gelangt man zum „Reißenden Felsen". Wanderzeit: ca. 35 Minuten.

DER PLATZ

Felsplateau mit beeindruckender Aussicht, eine Sitzbank, kein Tisch, kein Unterstand, kein Papierkorb.

Der Neustadter Ortsteil Gimmeldingen ist für seine unzähligen Mandelbäume berühmt, doch erst mit solch einem Blechkuchen wird mehr daraus. Zur „Gimmeldinger Mandelplatte" gibt es eine edelsüße Kleinigkeit: ein Glas Riesling Spätlese, Deidesheimer Jesuitengarten. Die perfekte Verbindung. Für so etwas hätten wohl auch die Eskimos nur ein einziges Wort: köstlich.

BUSHALTESTELLE
„Haus Kerz", direkt am Wanderparkplatz. Samstag und Sonntag Ruftaxiverbindung (Linie 4912) Kirchheimbolanden - Rockenhausen zu festen Zeiten (Das Ruftaxi muss eine Stunde vor Fahrtantritt bestellt werden: 06352/750404). Info: www.vrn.de oder www.donnersberg-touristik.de („Anreise & ÖPNV", „Donnersberg mobil"). Von Mai bis Oktober verkehrt zudem an Sonn- und Feiertagen ein Ausflugsbus von Rockenhausen und von Kirchheimbolanden nach Jakobsweiler („Haus Kerz"). Info: www.vrn.de (Fahrplanbücher, Linie 903 oder 01805/8764636). Eine weitere Haltestelle befindet sich in Jakobsweiler Ortsmitte, sie wird montags bis freitags von der Linie 903 angefahren.

KARTE
Naturpark Pfälzerwald, Bl. 1, Der Donnersberg, ISBN 978-3-89637-397-7.

Susanne Faschon und die Puppenstuben

Jakobsweiler ist leicht zu übersehen. Der kleine Ort duckt sich in eine Senke. Bewohner sagen, ihr Dorf habe sich in das Tal am Fuße des Donnersbergs „eingekuschelt". Jakobsweiler liegt an keiner Durchgangsstraße; wer dorthin kommt, der hat ein Ziel. Im Leben von Susanne Faschon ist der Ort ein wichtiger Schauplatz. „Der Traum von Jakobsweiler – Geschichten vom Glück mit Johannes" ist ihr sechstes Buch. Das Prosabändchen erscheint 1980. Zwei Jahre zuvor war Faschon, eine gebürtige Kaiserslautererin, mit dem Pfalzpreis für Literatur ausgezeichnet worden. Mit „Der Traum von Jakobsweiler" gelingt der Dichterin eine rührende Liebeserklärung. An das eingekuschelte Dorf. Und an Hans Stirn, ihren dritten Mann. Faschon ist 48 Jahre alt, als sie ihn kennenlernt. Stirn ist Professor für Soziologie und Betriebswirtschaft. Mit seiner heiteren und positiven Lebenseinstellung habe er den Anstoß zur „fruchtbarsten und vielseitigsten Schaffensperiode" der Schriftstellerin gegeben, sagen später ihre Freunde.

Susanne Faschon wäre gerne Lehrerin geworden, sie wird Bibliothekarin. Anfangs bleiben zum Dichten nur die Nachtstunden am Küchentisch. Auf erste Werke mit Lyrik folgen Lob und Auszeichnungen. Faschon ist eine Autorin, die an ihren Texten lange und intensiv arbeitet: An ihnen wird geschliffen und gefeilt. Hans Stirn ist der Johannes in den autobiografischen Jakobsweiler-Geschichten, über die Hauptfigur heißt es: „Von seiner Lebensfreude getrieben, spürte er keinen Gegenwind."

Von dieser Leichtigkeit, von diesem Optimismus und diesem feinen Humor sind auch Susanne Faschons Erzählungen getragen. Wie das Paar, das bis dahin im hessischen Taunus wohnte, Jakobsweiler entdeckt, dort sein kleines Häuschen findet und mit viel fröhlichen Mühen renoviert, gehört sicher zu den Kostbarkeiten der pfälzischen Literatur. Der Leser staunt über die innige Liebe der beiden; sie ist wie ein

Ihre Liebe zu Jakobsweiler lieferte den Stoff für viele ihrer Erzählungen: die Pfälzer Schriftstellerin Susanne Faschon (1925–1995).

Kaminfeuer, zu dem man sich gerne setzen möchte.

„Der 220-Seelen-Ort Jakobsweiler, in der Gegend Jockswiller geheißen, blickt auf einen Lebenslauf zurück, der im vorigen Jahrtausend seinen Ursprung hat. Trotzdem ist er in keinem Weltatlas zu finden, außer auf ein paar Pfalzkarten, die ohnehin den Mund ein bißchen voll nehmen und den Donnersberg als Pfrimm- und Alsenzalpen in den Himmel heben", schreibt Faschon über ihre Annährung an die neue Heimat. Mit ihr und Johannes setzt man seine ersten Schritte in das Dorf. Sieht den „Liliputbach", der wie drei Volkslied-Mühlräder rauscht. Und dann den „rot gefliesten Puppenflur", der ins Häuschen führt. Es sind diese poetischen Kleinigkeiten, die Jakobsweilers Zauber entfalten. Und vielleicht auch deshalb wird das Puppenstuben-Sammeln zu Faschons Hobby.

Anfang der 1980er-Jahre erkrankt Johannes an Krebs. In Susanne Faschons letztem Buch „Prinzessin Maultasch" (1995) gibt es eine Erzählung, die von der Diagnose und Operation berichtet. Auf dem Weg vom Krankenhaus nach Hause beginnt die nervöse und angespannte Susanne Faschon während der Zugfahrt ein Kreuzworträtsel auszufüllen. Doch plötzlich sind es Zeilen eines neuen Gedichts, die ihr unter den Fingern hervorquellen. Sie schreibt von Johannes unausgesprochener Angst, vielleicht ein Krüppel zu werden, der seiner Gefährtin zur Last fällt. Die letzte Zeile des Gedichts lautet: „Du bist auch noch morgen / mein hundertprozentiges Glück." Beim nächsten Besuch liest sie dem frisch Operierten die Verse vor. Susanne Faschon habe Hans Stirn damals alle Kraft und Hoffnung durch ihre Liebesgedichte gegeben, sagen Wegbegleiter der Schriftstellerin. Ihre Schwester, Ingeborg Michno, meint über diese Lebensphase: „Die

Liebe kann keine Krankheit heilen, aber die Ängste mildern und dem Partner zeigen, dass er der Geliebte bleibt und nicht zum Patienten verkommt."

1986 stirbt Hans Stirn. Susanne Faschon intensiviert ihr Hobby – das Sammeln von Puppenstuben. Das Sichten und Restaurieren der zusammengetragenen Raritäten habe ihr beim Bewältigen ihres Leids geholfen, sagt Michno. Insgesamt werden es zehn Puppenstuben-Ausstellungen, die Faschon ausrichtet. Auch Ingeborg Michno ist sammelwütig, ihr Augenmerk gilt den Puppenstuben der 1950er-Jahre, während ihre Schwester sich für die Miniaturwelten aus dem 19. Jahrhundert interessiert. Die Idee eines Puppenstubenmuseums entsteht. Es gibt dafür wohl kaum einen besseren Ort als das kleine Jakobsweiler. Doch die Erfüllung dieser Träumerei erlebt Susanne Faschon nicht mehr. Wenige Monate nach ihrem 70. Geburtstag stirbt sie 1995 an Krebs. Ihre letzte Ruhe findet die Dichterin neben ihrem geliebten Johannes auf dem Friedhof von Jakobsweiler. Das Museum wird eini-

Kleine Zeitreise in die Kindheit der Eltern und Großeltern: Das Puppenstubenmuseum in Jakobsweiler ist auf Exponate aus den 1930er- und 1950er-Jahren spezialisiert und gilt damit als einzigartig in Deutschland.

ge Jahre später Wirklichkeit. Im ehemaligen Milchhäuschen von Jakobsweiler. Ausgestellt sind dort rund 60 Puppenstuben, in denen sich die Zeitgeschichte der 1930er- und 1950er-Jahre widerspiegelt. Sie stammen aus den Sammlungen, die Ingeborg Michno und Rosemarie Hahn, eine weitere Jakobsweilerin, aufgebaut haben. Susanne Faschons Puppenstuben aus dem 19. Jahrhundert sind leider nicht zu bestaunen. Doch auch so gibt es im Milchhäuschen ein Wiedersehen mit früheren Wohnkulturen: Nierentische, Tütenlampen, Cocktailsessel oder auch die Reformküche der Bauhausperiode. „Eine Puppenstube muss leben", sagt Rosemarie Hahn. Entscheidend dafür seien die Szenen. Und die sind liebevoll arrangiert und geschickt inszeniert: Die Zeitreise führt beispielsweise durch den Vorläufer der Eisdiele, die „Milchbar". Vorbei am wöchentlichen Bad in der Küche, an der Geburtstagsfeier mit Bowle und am unverzichtbaren Büffet im Wohnzimmer.

Viel Platz ist im ehemaligen Milchhäuschen nicht. Die Glasvitrinen mit den Puppenstuben sind vom Boden bis nahezu unters Dach gestapelt. Fast auf den Fußboden legen muss sich, wer eine sündige Szene der 1950er-Jahre erblicken möchte: Ein Maler an der Staffelei und sein nacktes Modell auf der Liege.

Info

Puppenstubenmuseum Jakobsweiler, Rosenweg 3.
Geöffnet: Januar bis März nach Vereinbarung, April bis Dezember, sonntags 14 bis 17 Uhr oder nach Vereinbarung.
Oster- und Weihnachtsfeiertage geschlossen.

Internet: www.puppenstubenmuseum.de,
Telefon: 06357/7631 oder 06357/1295.

Das Werk Susanne Faschons umfasst Gedichte, Erzählungen und Hörspiele.
Viele Bücher von ihr sind antiquarisch gut erhältlich: www.zvab.com.

Der Schnittfix der Gebr. Schneble

Der Schnittfix war das Werk zweier Brüder aus dem baden-württembergischen Gailingen: Seit Anfang der 1950er-Jahre hatten Otto und Karl Schneble ihn in Deutschland produziert und verkauft. Das aus Aluminium gefertigte Parallelmesser war Garant für gleichmäßig und nicht zu dick geschnittene Brotscheiben. Die Firma „Gebr. Schneble“ verbesserte ihren Küchenhelfer mehrfach, so kam es zu den Versionen „Schnittfix 1“ und „Schnittfix 2“. Einen „Schnittfix 3“ gab es nicht. Linkshänder konnten das Gerät drehen und so ebenfalls gut schneiden. Wenn man den Schnittfix auf den Kopf stellte, funktionierte er auch als Gemüsehobel. Es war ein Messer für alle Fälle, was dem Stück freilich nicht auf den ersten Blick anzusehen war. Es musste vorgeführt werden, um zu überzeugen. Otto und Karl Schneble waren deshalb viel auf Messen unterwegs, zeigten den Schnittfix in Kaufhäusern. Verkauft wurde das Messer auch in der Schweiz, in Holland, Belgien und Österreich. Es kamen weitere Produkte der „Gebr. Schneble“ dazu: eine Frucht- und Gemüsesaftpresse, eine Knoblauchpresse, aus der Rückstände problemlos zu entfernen waren, und der Trifix, ein Sägemesser mit Führungsschiene. 1981/82 wurde die Firma dann aufgelöst. Die Tochter von Otto Schneble erinnert sich: „Meinem Papa war die Herstellung des Messers in dieser Germany-Qualität in Deutschland schließlich zu teuer, in Italien oder China wollte er jedoch nicht produzieren.“

Der Schnittfix ist ein Küchengerät mit Kultstatus geblieben, das weiterhin treue Fans hat. Nach dem Ende der Herstellung gingen bei der Familie Schneble in Gailingen viele Anfragen nach Restbeständen ein. Mittlerweile ist das Lager leer. Im Internet werden gut erhaltene Exemplare inzwischen teuer gehandelt. Das gilt vor allem dann, wenn noch die Originalverpackung samt der nostalgischen Bedienungsanleitung vorhanden ist. Mehrfach meldeten sich in Gailingen Interessenten, die den Schnittfix wieder auferstehen lassen woll-

Ein wahres Liebhaberstück: Mit dem Schnittfix lässt sich Brot wie mit der Maschine aufschneiden. Die Erfindung stammt aus den 1950er-Jahren.

ten. Meist erwies sich aber der finanzielle Aufwand als zu hoch. Zuletzt war ein belgischer Unternehmer bei den Nachkommen der Schneble-Brüder und präsentierte ihnen seinen Prototyp. Die Familie wünschte ihm „viel Glück und Erfolg".

Gimmeldinger Mandelplatte

Für den Teig:
500 g Mehl
225 g Zucker
250 ml süße Sahne
4 Eier
1 Päckchen Backpulver
1 Vanilleschote, ausgekratzt
1 Prise Salz

Für den Belag:
250 g Zucker
125 g Butter
1 Vanilleschote, ausgekratzt
5 EL Rahm
250 g Mandeln,
geschält und gehackt

❶ Aus den Zutaten für den Teig einen glatten Rührteig herstellen. Ein Blech buttern und mehlen. Den Teig darauf geben und ca. 12 Minuten bei 200 Grad vorbacken.
❷ Für den Belag die Butter zergehen lassen, die anderen Zutaten für den Belag dazu geben und daraus einen zweiten Teig herstellen. Diesen auf den Kuchen geben.
❸ Nochmals 10 bis 12 Minuten ausbacken, bis die Mandelmasse goldbraun ist.

Liptauer „Wildenstein“

400 g Brie de Meaux
(vor der Zubereitung des Liptauers den Brie einen Tag lang außerhalb des Kühlschranks lagern)
200 ml Schmand
50 g zimmerwarme Butter
1 Schalotte, sehr klein gewürfelt
1 Bund Schnittlauch, sehr klein geschnitten
1 TL Paprika
Salz, Pfeffer
Kümmel (nach Belieben)

❶ Brie und Butter mit einer Gabel zerdrücken. Schmand, kleingeschnittene Zutaten und Gewürze untermengen.
❷ Am besten schmeckt der Liptauer „Wildenstein“, wenn man ihn einige Stunden durchziehen lässt.

Mokka mit Minerva

Gugelhupf und Münsterkäse bei der Kollerinsel am Rhein

Picknick 3

Rund 100 Schiffe kommen hier in der Regel täglich vorbei, der Rhein ist die meist befahrene Wasserstraße Europas. Nur an diesem Sonntagnachmittag nicht. Kein Schubverband, kein Binnenschiff, keine Motorjacht. Die Rheinschiffer machen Pause. Die drei Freunde auch.

Die Kollerinsel bei Otterstadt (Rhein-Pfalz-Kreis) ist eigentlich eine Halbinsel, die bei der Rheinbegradigung durch den badischen Ingenieur Tulla (1770-1828) mit dem Durchstich der Rheinschlinge bei Brühl entstanden ist. Das 400 Hektar große Wiesen- und Waldgebiet wurde dadurch zwar linksrheinisch, blieb aber badisch. Dieses Kuriosum hat bis heute Bestand: Die Halbinsel gehört zu Baden-Württemberg, das Gebiet südlich davon ist Otterstadter Gemarkung und damit pfälzisch.

Wer aus der geschäftigen Vorderpfalz auf die Kollerinsel kommt, taucht in eine andere, zur Ruhe gekommene Welt ein. Wenn die Südpfalz sich gerne als die Toskana Deutschlands anpreist, dann darf sich die Kollerinsel getrost als unsere Camargue fühlen: Pfeifengras, Pferde, Auwaldreste, eine rumpelige Straße – und in der Luft hängt die Feuchtigkeit vom nahen Wasser.

„Puuh, ist das schön hier“, sagt Hedwig. Die drei Freunde haben mit ihren Fahrrädern eine Runde über die Insel gedreht. Hinten im Altrheinarm liegt ein seltsam gekrümmtes Eiland. Der Name macht Appetit: „Leberwurstinsel“. Wer ihren Strand erreichen will, braucht ein Paddelboot – die Landesgrenze zwischen Baden-Württemberg und Rheinland-Pfalz teilt die Insel. Nur der kleinere Wurstzipfel gehört zur Pfalz, bei diesem Namen eigentlich ein Unding.

Etwas südlich der Kollerinsel stoßen der Rhein und ein Kiesabbau-Seitengewässer zusammen. Das ist eine Ecke, auf der man garantiert wieder Pfälzer Boden unter den Füßen hat. Bereits vor über 25 Jahren hatte die Gemeinde Otterstadt dort Bänke aufstellen lassen, seit 1998 gibt es sogar ein Dach, einen großen Tisch und eine Windschutzwand. Der frühere Schul-Hausmeister Werner Reeb hat diesen Picknick-Platz zusammen mit einigen Rentnern in zahlreichen Arbeitsstunden geschaffen. Dafür muss man dem Mann dankbar sein. Ein Glücksgriff.

Aus der Luft wird schnell klar: Die „Leberwurstinsel" bei Otterstadt trägt ihren Namen zu Recht. Ein kleiner Zipfel ist pfälzisch, der große Rest gehört zu Baden-Württemberg.

„Rentnertreff Otterstadt" heißt der idyllische Ort. Von den Schornsteinen Mannheims, Ludwigshafens und Speyers ist nichts zu sehen. Eine abgeschirmte Oase. Sie liegt im Naturschutzgebiet Böllenwörth. Und das ist ein richtiges Naturlexikon: 24 unterschiedliche Baumarten und acht verschiedene Sträucher wachsen dort. Auf dem Weg zum Rentnertreff lernt man sie alle kennen. Der oft überschwemmte Otterstadter Auwald ist nährstoffreich, er birgt deshalb eine große Artenvielfalt. Wer Glück hat, kann dort auch das echte Tausendgüldenkraut und die sibirische Schwertlilie erblicken – beides besonders geschützte Pflanzen.

Wer kein Glück hat, der muss warten. Noch immer machen die Rheinschiffer Pause. Kein Schubverband, kein Tankschiff, keine Motorjacht. Dies ist ein Platz für Jung und Alt. „Kommt setzt euch", sagen die vier Rentner, die sich dort jeden Sonntagnachmittag treffen. Der Tisch bietet ausreichend Platz für ein üppiges, diesmal elsässisch angehauchtes Picknick: Quiche Lorraine hat Rainer vor- und zubereitet, außerdem Münsterkäse mit einer Rosinenessig-Vinaigrette und einen frischen Gugelhupf. Dazu gibt es – ganz und gar unelsässisch – Pumpernickel. Hedwig hat ihn mitgebracht. Dass dieses Vollkornbrot in Dosen abgepackt wird, sei wirklich praktisch, findet sie: „Es lässt sich so ziemlich gut transportieren."

Stimmt. „Aber ist das wirklich nötig?", fragt Rolf: „Bisher sind wir auch ohne Dosen bestens zurechtgekommen." Einen Erdbeerkuchen hatten die drei heil auf den 442 Meter hohen Rotenstein gebracht, eine Schüssel Liptauer unbeschadet zum 490 Meter hohen „Reißenden Felsen" am Donnersberg.

Der „Otterstadter Rentnertreff" liegt viel tiefer, eben auf Rhein-Niveau. „Man muss nicht immer oben stehen und Aussicht haben", meint Hedwig. Flaches Land sei auch schön, stimmt Rolf zu. Und fragt nach einer Weile: „Wo wohl der tiefste Punkt der Pfalz liegt, hier vielleicht irgendwo auf der Insel?" „Das steht bestimmt in keinem Reiseführer", meint Hedwig und lacht. Gleichmäßig rauscht der Wind durch die Bäume. Der Fluss döst. Das lullt ein, da döst man gerne mit. Und wirft Steinchen ins Wasser.

„Ich brauche jetzt einen Kaffee", sagt Rainer. Ein kleiner Gaskartuschen-Kocher und eine Espressokanne schaffen Abhilfe. Der von Alfonso Bialetti 1933 erfundene achteckige „Mokka Express" ist ein Klassiker der Espressozubereitung. Rund 300 Millionen Stück soll die italienische Firma davon bis heute verkauft haben. Wenn sündhaft teure, hochmoderne Kaffeeautomaten plötzlich streiken, zischt Bialettis 20-Euro-Maschinchen immer noch zuverlässig. So auch am „Rentnertreff".

„Da kommt ja doch noch eins", ruft Rolf. An diesem Sonntagnachmittag ist das fast eine Sensation. „Minerva" heißt es. Nein, es ist nicht das Kreuzfahrtschiff MS Minerva, es ist ein normaler Frachter, der rheinaufwärts vorbeizieht. Die römische Göttin der Weisheit, der Kriegsführung und des Schiffsbaus scheint bei Bootseignern als Namenspatin beliebt zu sein.

Die drei winken und halten die Kaffeetassen hoch. Der „Minerva"-Kapitän grüßt zurück. Hinten blubbert der „Mokka-Express".

INFO

HINKOMMEN

Von Otterstadt Richtung Autofähre Brühl fahren, kurz hinter dem Kieswerk und nach Beginn des Naturschutzgebiets liegt rechts ein Wanderparkplatz. Von dort führt eine gesperrte Straße Richtung Rhein. Sie endet nach etwa 700 Metern an einem Rhein-Seitengewässer. Von dort links den Fußweg nehmen, zum Rentnertreff sind es nur wenige Meter. Alternative: Vom Fähranleger den Weg direkt am Ufer Richtung Süden einschlagen.

Ein Picknick im Bereich Kollerinsel lässt sich gut in eine Tour auf dem Rheinradweg (Veloroute Rhein) einbauen. Am Ortsrand von Otterstadt vor dem Campingplatz den linksrheinischen Radwanderweg verlassen und die Straße Richtung Autofähre nehmen.

DER PLATZ

Großer Tisch, fünf Bänke, überdacht, Papierkörbe.

Die Autofähre verkehrt von März bis Oktober zwischen Kollerinsel und Brühl. Info: www.bruehl-baden.de („Gemeinde", „Sehen & Erleben"). Restaurant und Reiterhof: www.kollerinsel-pferdeland.de.

KARTE

Wandern und Radwandern zwischen Rhein und Pfälzerwald (1:50.000), ISBN 978-3-89637-302-1.

Wo die Pfalz am tiefsten ist

Die Suche nach einem zugkräftigen Slogan fiel den Tourismus-Managern im Donnersbergkreis bestimmt nicht schwer: „In der Pfalz ganz oben“. Denn mit 687 Metern ist der Donnersberg der höchste Berg der Pfalz. Seine halbvulkanische Entstehungsgeschichte, seine vielfältigen Mineralien, seine reichhaltige Vegetation und nicht zuletzt die faszinierenden Zeugnisse der Besiedlung durch die Kelten sind von Wissenschaftlern und Heimatkundlern vielfach ausgeleuchtet worden. Und der Donnersbergverein frohlockt: „Jahr für Jahr kommen wohl weit über 100.000 Besucher auf oder an den Donnersberg, zur Erholung in dem gesunden Klima, zum Wandern in dem vielgestaltigen Bergmassiv oder einfach, um sich an der herrlichen Natur zu erfreuen.“ Höhe ist offenbar eine Attraktion für sich.

Doch wo befindet sich das Gegenstück zum Donnersberg, wo enden die Pfälzer Höhenflüge? Auf Bitte der Tageszeitung DIE RHEINPFALZ ist das Landesamt für Vermessung und Geobasisinformation in Koblenz dieser Frage extra auf den Grund gegangen: Der „tiefste natürliche Geländepunkt“ der Pfalz liegt demnach mitten in einem lang gestreckten Kartoffelacker. Nur 87,3 Meter hoch ist die Pfalz dort. Dieses Stück Land gehört noch zur Gemarkung des Frankenthaler Stadtteils Mörsch, es stößt aber direkt an die nördliche Stadtgrenze von Ludwigshafen. In der Pfalz ganz unten! Als der betroffene Landwirt von der Besonderheit seines Kartoffelfeldes hörte, entfuhr ihm ein „Na super!“. Dass der Acker tief liegt, wusste er allerdings schon: „Ab und an versauft der, so steht dann das Wasser drauf.“

Dies war wohl auch früher bereits der Fall. In den Nachkriegsjahren, so erzählen sich Einheimische, konnte auf diesem Gelände im Winter gelegentlich Schlittschuh gelaufen werden. Wie um die Tiefe zu betonen, gibt es in dem Feld mehrere große Senken. Dort verläuft eine Gasleitung in der Erde, der Boden hat sich deutlich gesetzt.

Könnte der tiefste Punkt der Pfalz wie der Donnersberg zur Attraktion werden? „Unsere schönste Stelle ist das ja nicht unbedingt“, heißt es im Frankenthaler Vorort Mörsch. In der Tat: Aufgrund der Umgebung drängen sich Möglichkeiten einer touristischen Nutzung dieses Geländes nicht auf. Im Süden stehen die Wohnsilos von Ludwigshafen-Pfingstweide, ebenfalls nicht zu übersehen sind die BASF-Anlagen ganz nah im Osten. Und im Norden brummt die Autobahn. Und doch: Wie Tiefen zu vermarkten sind, haben die 383 Einwohner von Neuendorf in der schleswig-holsteinischen Wilstermarsch vorgemacht: Dort liegt mit 3,54 Meter unter dem Meeresspiegel der tiefste Punkt Deutschlands. Die Stelle, deren Rekordtiefe von den Behörden 1988 offiziell bescheinigt worden war, hat sich inzwischen zu einem der beliebtesten Ausflugsziele im Südwesten von Schleswig-Holstein entwickelt.

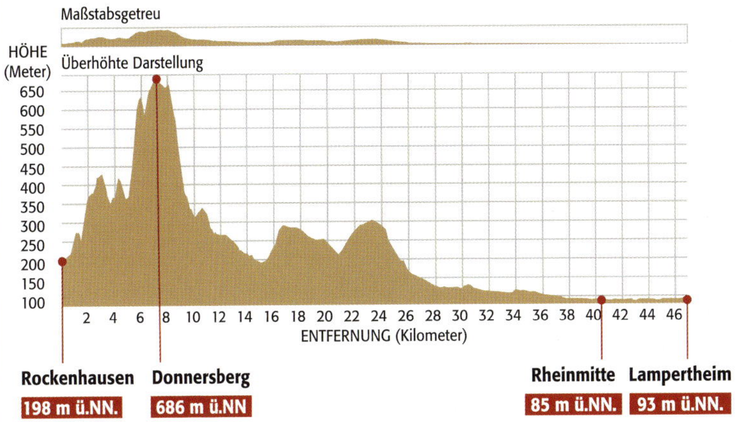

©GeoBasis-DE/LVermGeoRP2014-02-11

Eingelegter Münsterkäse

1 junger Münsterkäse, ca. 500 g

Für die Marinade:

0,1 l Wein (Muskateller)
3 EL Preiselbeeressig
3 EL Rosinenessig
1 EL weißer Balsamicoessig
1 TL Dijon Senf
½ Bund Frühlingszwiebeln oder drei mittelgroße Schalotten
½ Bund Schnittlauch
1 rote Zwiebel
1 TL roter Pfeffer
Rosinen
schwarzer Pfeffer

❶ Den Münsterkäse in 8 Tortenstücke aufschneiden.
❷ Für die Marinade die Essige, den Senf und den Wein in einer Schüssel sämig schlagen. Schalotten, Schnittlauch und Zwiebel klein hacken und dazugeben. Jetzt die Rosinen und den Pfeffer hinzufügen.
❸ Die Marinade über die Käsestücke gießen und kühl, aber nicht zu kalt stellen (nicht im Kühlschrank). Den Münsterkäse mindestens 12 Stunden lang marinieren.

Quiche Lorraine mit zwei Füllungen

Für den Teig

300 g Mehl
2 Eier
150 g Butter
Salz

❶ Zutaten zu einem Teig kneten, zu einer Kugel rollen und dann in Folie packen. Eine Stunde in den Kühlschrank legen.
❷ Den Teig in zwei gleich große Stücke teilen und jeweils auf wenig Mehl zu einer runden Platte ausrollen. In die gefetteten Quicheformen geben, einen ca. 3 cm hohen Rand formen und die Teigplatten mit einer Gabel einstechen. 10 Minuten vorbacken bei 175 Grad (Umluft).

Für die Füllungen

3 Eier
250 g Sahne
125 g durchwachsener Speck, gewürfelt
150 g Pfifferlinge, geviertelt
2 Stangen Lauch
1 Zwiebel
1 Zehe Knoblauch, klein geschnitten
etwas Butter
Muskat, Salz

❶ Für beide Quiches Sahne und Eier mit dem Schneebesen verrühren. Mit Salz und Muskat abschmecken.
❷ Für die Speckfüllung die Speckwürfel in einer Pfanne bei mittlerer Hitze auslassen. Den Speck auf den Teig geben. Eine Hälfte der Ei-Sahne-Mischung darüber gießen.
❸ Für die Lauch-Pfifferling-Füllung die klein geschnittene Zwiebel in Butter weich dünsten. Den in Ringe geschnittenen Lauch mit den Pfifferlingen etwa 10 Minuten andünsten. So lange, bis die entstandene Flüssigkeit eingekocht ist. Mit Salz und Pfeffer abschmecken. Die Füllung auf den Teig geben. Mit der anderen Hälfte der Ei-Sahne-Mischung übergießen.
❹ Beide Quiches bei 175 Grad (Umluft) im Ofen etwa 20 bis 25 Minuten backen.

Volle Kanne

Schnitzelchen, Parmesanfrikadellen und Heidelbeertörtchen im Leinbachtal

Bahnhof Weidenthal: Ein Picknick im Leinbachtal lässt sich gut mit einer Radtour durch diesen Teil des Pfälzerwaldes kombinieren.

Was für eine Wassermusik! Das Nass am Biedenbacher Woog gluckert, gluckst, glitzert. Am liebsten möchte man sich dort einfach hineinlegen und umsprudeln lassen – doch der Weiher bleibt selbst in der Augustsonne eiskalt. Ansonsten wärmt das Leinbachtal bei Weidenthal wie kaum ein anderer Ort im Pfälzerwald Geist und Körper. Wer hier nicht zur Ruhe kommt, wer hier nicht entspannen kann, dem ist kaum zu helfen.

Früher war das Leinbachtal keine Wohlfühloase: Bis ins 19. Jahrhundert hinein haben Waldarbeiter dort geschuftet und

So wird das Wehr am Biedenbacher Woog zur Riesensitzbank: Rolf, Rainer und Hedwig fachsimpeln über Rezepte.

getriftet. Auf einer Länge von elf Kilometern ist das Gewässer kanalisiert, auf diesem Weg wurde vor allem Brennholz Richtung Rheinebene transportiert. Weite Teile des Pfälzerwaldes waren damals nicht erschlossen, befestigte Straßen kaum vorhanden.

Auch Hedwig, Rainer und Rolf haben für diesen Ausflug wieder einmal ein kleines Transportproblem zu lösen: Wie bringt man am besten den Kartoffelsalat und die Heidelbeertörtchen von Oma Gertrud an den Biedenbacher Woog? Zwei alte Milchkannen sind dafür schließlich die erste Wahl. Nicht nur weil sie

Mit dem Wasser des Leinbachs wurde einst Brennholz getriftet, heute kühlt er höchstens die Füße von Wanderern.

praktisch sind. Blech passt auch viel besser zur Wassermusik als Plastikboxen.

Da der Leinbach normalerweise zu wenig Kraft hatte, wurde er aufgestaut. So entstand der Biedenbacher Woog. Nach dem Öffnen des Wehrs trug die Flutwelle das angesammelte Holz bachabwärts. Die alte Triftanlage ist noch gut erhalten. Dazu gehört auch das Steintor der Staumauer. Dieser Platz lädt einfach dazu ein, sich niederzulassen und die Beine baumeln zu lassen. Hedwig, Rainer und Rolf tun das ausgiebig. Unter ihnen spritzt und schäumt es im Woogablauf. Eine unbeschwerte Melodie. „Ein herrlicher Ort“, sagt Hedwig. Und Rainer, sonst mitunter gerne ein wenig kritisch, lässt sich bereits vor dem Auspacken des Picknicks zu einer Platzbewertung hinreißen: „Note 1 plus.“

Kein Widerspruch. Hier passt alles. Auf den breiten Sandsteinplatten kann man sich hinlümmeln, auf der Wiese nebenan muss man nur eine Decke ausrollen, um ins Naturbett zu fallen. Das ist richtig anziehend. „Spürt ihr das?“, fragt Rolf. „Was ist?“, wollen die anderen beiden wissen. „Irgendwelche Schwingungen oder so etwas“, meint Rolf und tastet über den Stein: „Als ob hier Magnetlinien durchlaufen.“ Skeptisch prüft Hedwig den Boden. Eine schmale Längsrille ist das einzige, was in der Steinplatte zu fühlen ist. Rainer beendet die Tagträumerei abrupt: „Jetzt wird aber erst einmal etwas gegessen.“

„Bollerplatz“ nannten die Waldarbeiter früher die Stelle, wo das Holz neben dem Stauweiher geschichtet und gelagert wurde, um es dann meist im Frühjahr zu triften. Heute stehen am einstigen Leinbachtal-Bollerplatz ein schmaler Holztisch und zwei Bänke im Schatten einer Buche. Gegenüber am Hang schichten sich die Felsplatten wie ein Riesen-XXL-Hamburger

Gehört zu einem ausgiebigen Picknick am Wochenende einfach dazu: ein kleines Nachmittagsschläfchen auf der Wiese.

übereinander. Die drei meinen: „Picknicker wie wir sind da volle Kanne richtig." Rainer hat in seine Frikadellen Parmesan und grünen Pfeffer gemischt. „Das Rezept habe ich von Stefania", sagt Rainer und murmelt etwas von „italienischer Köchin". „Raffiniert", loben die anderen. Für den Kartoffelsalat hat Hedwig „Pfälzer Drillinge" genommen, das sind herzhaft schmeckende, kleine Kartoffeln. Sie wurden mit selbst gemachter Fleischbrühe, in der Lorbeerblätter und Liebstöckel mitköchelten, und mit Öl angemacht – so wird der Salat schön saftig. „Richtig schlotzig", sagt der Pfälzer dazu. Noch etwas Zwiebeln. Aber keine Gürkchen! „Ganz puristisch", meint Hedwig. Das Ergebnis dieser Vor- und Zubereitung ist ein Gedicht. „Will jemand ein Stück Brot?" Rainer und Rolf schrecken auf und lachen: „Nein, bei dem Kartoffelsalat, da hätte man höchstens gerne Doppel-Drillinge." In der Leinbachtal-Idylle triften mitunter auch die Gespräche ab.

Die Blütezeit der Holztrift neigte sich Mitte des 19. Jahrhunderts aus mehreren Gründen dem Ende zu. Der Bau der Ludwigsbahn verband ab 1849 die Steinkohlegruben der Saarpfalz mit dem Oberrhein, Brennholz bekam damit Konkurrenz. Zudem stieg die Nachfrage nach Bauholz, lange Stämme waren aber nicht zu triften. Auch im Pfälzerwald wurden zunehmend Fahrwege ausgebaut. 1906 war es dann dort mit der Trift offiziell vorbei.

Über 100 Jahre ist das her. Eine andere Zeit. Auch die Milchkannen-Jahre liegen schon weit zurück. Die Geschichten, die sich die Picknicker erzählen, drehen sich um Kindheitserinnerungen. „Das ist mir nur einmal passiert, dann habe ich es gekonnt", sagt Rainer. Wer auf dem Heimweg die volle Milchkanne einhändig durch die Luft kreiselte und dabei nicht fix genug war, hat schnell gelernt. Einen Milchsee auf der Straße wollte man der Mutter nur einmal beichten. Nach einer kleinen Pause sagt Rolf: „Wir haben früher als Kinder immer Steine vom Weg gekickt, auch im Wald. Das fanden wir toll, wie so ein Stein da den Hang hinuntersprang und durchs Geäst krachte. Als das einmal beim Klassenausflug der Volksschullehrer sah, hat er uns erzählt, dass vor Jahren einmal genau an dieser Stelle ein Wanderer, der auf einem Weg weiter unten ging, von so einem Stein am Kopf getroffen worden war. Das hab ich nie vergessen." „Und nie mehr nach Steinen gekickt?", fragt Rainer. „Zumindest nicht den Hang hinunter", bestätigt Rolf. Da meint Hedwig: „Dann war es ein guter Lehrer."

Rolf steht auf. „Ich geh mal zu unserem Kühlschrank", sagt er. Die Eiseskälte des Biedenbacher Woogs hat natürlich auch ihr Gutes: Die Flasche „Rhodter Rosengarten Blanc de Noir" ist nassfrisch. Der Wein passt ausnehmend gut zu den kleinen Schnitzeln. So wie Kartoffelsalat „schlotzig" sein sollte, müssen Picknick-Schnitzelchen „fluffig" sein. Und sie sind es! Die Panade wellt sich luftig über das Fleisch.

Im Leinbachtal wirkt an diesem Tag fast alles leicht und locker. Die Welt dort ist wunderbar ausbalanciert. Dafür sorgt schon diese Wassermusik mit ihrem fröhlichen Glucksen. Man fühlt sich beschwingt und frei. Und bekommt fast Lust, einmal wieder eine Milchkanne durch die Luft zu wirbeln.

INFO

HINKOMMEN

Zwischen Weidenthal und Frankenstein zweigt in einer Kurve, die zwischen zwei Eisenbahnüberführungen liegt, das Leinbachtal in Richtung Südwesten ab. An der Einfahrt gibt es einen Wanderparkplatz. Ab da asphaltierter, autofreier Wirtschaftsweg. Etwa zwei Kilometer sind es bis zum Biedenbacher Woog. Ein Picknick im Leinbachtal lässt sich gut in eine Radtour einbauen, beispielsweise ab Bahnhof Weidenthal über das Tal nach Hochspeyer.

INTERNET

www.zentrum-pfaelzerwald.de (Rubrik: „Aktiv") oder www.wanderportal-pfalz.de (Rubriken „Radfahren", „Leinbachtal-Radweg").

DER PLATZ

Drei Bänke, ein Tisch, kleine Liegewiese, Holzbrücke.

NÄCHSTER BAHNHOF

Weidenthal

KARTE

Naturpark Pfälzerwald, Bl. 4, Mittel- und Unterhaardt mit Bad Dürkheim, ISBN 978-3-89637-400-4.

Voll auf der Pfälzer Linie – der achte Längengrad

Am Anfang war ein „Achter“: ein verbogener Fahrrad-Vorderreifen. Den hatte der Südpfälzer Heimatforscher und Autor Rudolf Wild vor Jahren am Ausgang seines Heimatortes Queichhambach an einer Metallstange aufgehängt. Nicht an irgendeiner Stelle, sondern an einem ganz besonderen Ort: Dort kreuzt der achte Längengrad den Queichtalradweg. Wilds „Achter“ war ein hintersinniger Hinweis auf diese fiktive Linie, entlang der beispielsweise auch Smøla an der Nordküste Norwegens, die Alpengipfel Mönch, Eiger und Jungfrau und der afrikanische Golf von Guinea zu finden sind. Als einziger der 360 Längengrade verläuft der achte durch die Pfalz. Der siebte liegt bei Saarbrücken, der neunte bei Sindelfingen.

In der Pfalz sind auf dem achten Längengrad beispielsweise auch Schweighofen (Kreis Südliche Weinstraße), Bad Bergzabern, der Vogelstockerhof bei Eußerthal, die Ruine Breitenstein im Elmsteiner Tal und Kirchheimbolanden zu Hause. Weidenthal, von wo aus man ins Leinbachtal gelangt, wird ebenfalls vom achten Längengrad gestreift.

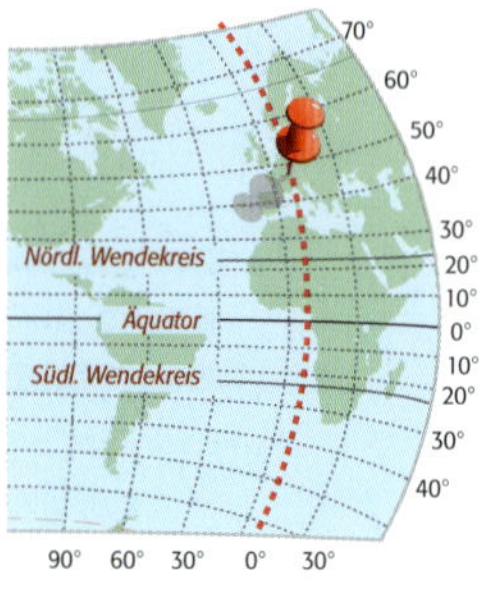

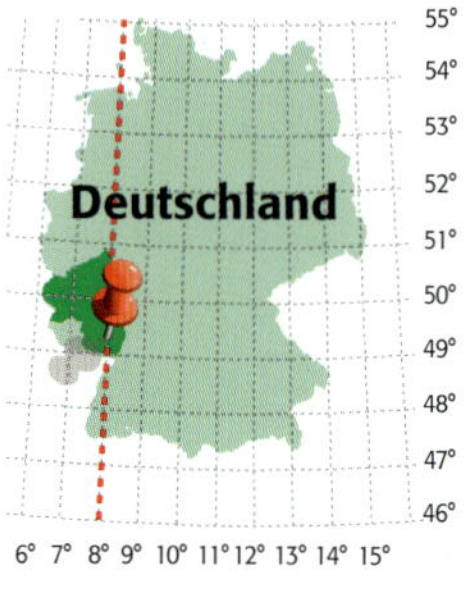

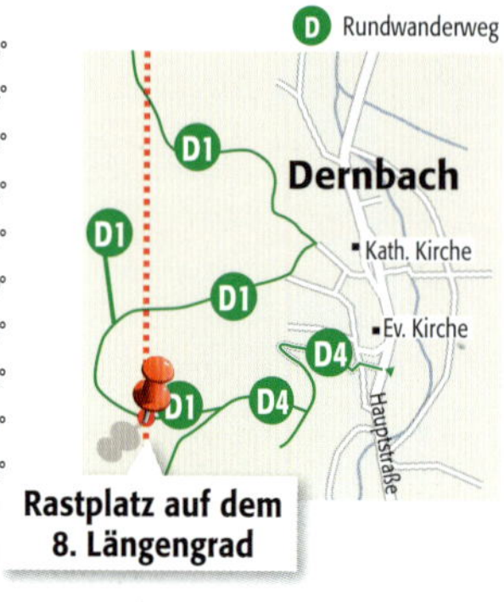

Nur wenige dieser Längengrad-Orte in der Pfalz haben bisher aus ihrer besonderen Lage etwas gemacht. In Queichhambach hat der Ortsbeirat an der „Kreuzung" Radweg/Längengrad zwar eine kleine Anlage mit Bänken geschaffen, die ein Schild als „Ruheplatz" preist. Doch so richtig ruhig ist es dort nicht: Der Radweg verläuft in diesem Abschnitt direkt neben der Straße, die von Queichhambach zur B 10 führt – und von dort tönt der Lärm der Lkw-Kolonnen herüber. In anderen Gemeinden gibt es als Hinweis lediglich eine Markierung im Pflaster. Liebevoll hat sich hingegen Dernbach in der Südpfalz der weltumspannenden Linie angenommen. An der Stelle, wo der Längengrad am Waldrand den Rundwanderweg „D1" kreuzt, wurde ein wirklicher „Ruheplatz" eingerichtet. Mit Holzbank, Hinweistafel und einem tollen Ausblick auf den 440-Einwohner-Ort. Als die Dernbacher vor einigen Jahren daran gingen, ihre touristischen Attraktionen wie die Mariengrotte, die beiden schmucken Kirchen oder den Galgenberg besonders herauszustellen, wurde auch dem Längengrad ein Denkmal gesetzt. Der „liebe Besucher" wird dort herzlich willkommen geheißen: „Sie stehen hier an einem einmaligen Platz. Sie befinden sich auf dem achten Längengrad unserer Erdkugel, der hier auf die Dernbacher Gemarkung trifft. Genießen Sie diesen Moment in dem Bewusstsein, an solch einer Stätte verweilt zu haben."

Info

www.dernbach-pfalz.de
(Rubrik „Dorfrundgang")
www.wild-annweiler.homepage.t-online.de
(Rubrik „Queichhambach")

Frikadellen alla Stefania

Die Senf-Variante:

500 g Hackfleisch, gemischt
1 Ei
1 Brötchen, eingeweicht und ausgepresst
1 Zwiebel, klein geschnitten
1 Knoblauchzehe
1 EL mittelscharfer Senf
1 EL Dijonaise (Senf mit Majo)
Salz, Pfeffer

Die Zutaten gut durchmischen, flache Frikadellen formen und in reichlich Öl braten.

Die Parmesan-Variante:

500 g Hackfleisch
1 Ei
100 g Parmesan, fein gerieben
grüner Pfeffer nach Belieben
kein Salz, da Parmesan schon Salzgeschmack hat
1 Knoblauchzehe
Pfeffer

Die Zutaten gut durchmischen, Kugeln formen, in reichlich Öl braten.

Heidelbeertörtchen „Oma Gertrud"

500 g Mehl
50 ml Milch
1 Päckchen Hefe
80 g Butter
1 Ei
1 Prise Salz
2 Pfund frische Heidelbeeren
120 - 150 g Zucker (abhängig vom Säuregrad der Heidelbeeren)

❶ Aus den Zutaten einen Hefeteig herstellen. Die Menge des Mehls ist abhängig vom Feuchtegrad des Teigs. Der Teig sollte nicht mehr auf der Arbeitsplatte kleben.
❷ Tarte-Förmchen (Durchmesser: 12 cm) mit dem Teig belegen. Heidelbeeren darauf geben. Bei 175 Grad (Umluft) etwa 30 Minuten backen.
❸ Nach dem Auskühlen die Heidelbeertörtchen mit Zucker bestreuen.

Saft und Kraft

Ein vegetarisches Vergnügen bei den Modellbau-Piloten von Althornbach

Pfälzer Sommersaft statt Wein: Dazu zwei Orangen, eine Pampelmuse, ein Stück Ingwer, zwei Äpfel, zwei Karotten und eine Scheibe Sellerie schälen und in den Entsafter geben. Zehn Tropfen Arganöl untermischen.

Alteingesessene Kaiserslauterer nennen es liebevoll „Zschocke-Wälsche". Oder „Zschocke-Wäälsche". Denn Lautringer „babbeln manchemol gern e bissje brääder". Ein Standbein der Zschocke-Werke in Kaiserslautern war lange Jahre die Herstellung von Schulmöbeln, Kirchengestühl, Rodelschlitten und von kleinen Leiterwagen. Eben der „Zschocke-Wälscher". Aus einer 1868 eröffneten Holzhandlung mit Sägewerk wurde Anfang des 20. Jahrhunderts eines der großen Unternehmen der Stadt, das später vor allem durch seine Gasreinigungsanlagen Weltruf erlangte. 1965 verkaufte Heinrich Zschocke die Werke.

Das „Zschocke-Wälsche", in dem Hedwig, Rainer und Rolf diesmal ihr Picknick transportieren, dürfte etwa Baujahr 1930

Fliegende Puppenstube: Die Detailtreue der Modellbauer geht bis zum Anschnallgurt und zur Sonnenbrille des Piloten.

sein. Über Jahrzehnte wurde es in einem Deidesheimer Weingut genutzt, irgendwann landete der Leiterwagen dann bei Hedwig. So gute alte Stücke bewahrt sie bekanntlich gerne auf. Mit der Kraft von 3 PS geht es voran – PS bedeutet in diesem Fall Picknicker-Stärke. Die Eisenbeschläge der Holzräder knirschen auf dem Feldweg. „Los jetzt, es sind noch zwei Kilometer." Das vollgepackte „Zschocke-Wälsche" muss hier zu dritt gezogen und geschoben werden. Denn von der Dorfmitte Althornbachs bei Zweibrücken geht es steil hoch zu einem Wäldchen und dann hinüber zu einem Plateau mit Äckern und Getreidefeldern.

Dort oben liegt der kleine Flugplatz des Zweibrücker Modellbauclubs (MBC). Eine lange, kurz gemähte Wiese ist die Start- und Landebahn der Modellflieger. Direkt daneben, geschützt durch einen hohen Maschendrahtzaun, stehen Tisch und Bänke. Wer hier oben picknickt, der bekommt bei gutem Wetter die Spezialität dieses Aussichtspunktes serviert: Landschaft und Loopings.

Rundum geht der Blick über Hügel und Täler des weiten Pirminiuslandes, darüber lassen die MBC-Mitglieder – meist am Wochenende – ihre ferngesteuerten Maschinen Kunststücke fliegen. „Extra 330L" oder „Edge 540" heißen die Modelle, die den Originalen im Maßstab 1:4, teilweise sogar 1:3 nachgebaut wurden. Eine „Yak 54" steigt steil hoch, scheint dann kurz in der Luft zu stehen. Die Strömung am Flügel bricht ab, und die kleine Maschine trudelt in einer steilen Spirale nach unten, bis der Pilot am Boden sie per Fernsteuerung gekonnt abfängt. Der Pilot im Cockpit verzieht keine Miene – es ist

Diesmal nur Zaungäste: Rainer, Hedwig und Rolf beobachten die Althornbacher Modellflieger – bis zu drei dürfen gleichzeitig ihre schnellen Maschinen starten.

eine Puppe. Mit 140 km/h braust die „Yak 54“ zur nächsten Kunstflug-Figur. Die drei Picknick-Freunde klatschen laut Beifall und staunen: „Wahnsinn.“

„Wenn ich da drin sitzen würde, wäre mir jetzt schlecht“, sagt Rolf. Doch am Rastplatz neben dem MBC-Modellflugplatz schlägt einem überhaupt nichts auf den Magen. Im Gegenteil. Diesmal wird komplett vegetarisch gepicknickt. Es sieht etwas üppig aus, schließlich gab es ja bei diesem Ausflug kaum Transportbeschränkungen. In ein „Zschocke-Wälsche“ geht allerhand hinein.

Rainer hat eine Auberginenterrine gemacht, die nach viel Thymian und Knoblauch duftet, Hedwig einen Linsensalat. Ihr eingelegter Schafskäse hat fast so viel Speed wie die „Yak 54“. Rainer probiert und meint: „Scharfe Ziege.“ Knapp daneben.

Vor dem Abflug bitte zugreifen: Auf dem „Speisefahrplan" steht auch eine Gemüseterrine mit Joghurtsauce.

Ziegenfrischkäse ist stattdessen in den Tomaten-Timbales drin; der selbst gemixte Pfälzer Gemüsesaft dazu schmeckt nach ganz viel Sommer. Richtig erfrischend-spritzig. So vor- und zubereitet ist das Picknick ein kleines Stück vom Glück. Eine Sache zum Genießen und eine schöne Liebhaberei. „Da hat man fast Schmetterlinge im Bauch", scherzt Rolf. „Oder sind es hier oben eher Flugzeuge?" – die drei lachen.

1974 hatten begeisterte Bastler den Modellbauclub gegründet. Einen steinigen Acker bei Contwig verwandelten sie in vielen Arbeitsstunden in ihren ersten Modellflugplatz. Später fiel das Gelände leider dem Neubau der Autobahn 8 zum Opfer. Man wich ins saarländische Böckweiler aus, doch auch dort gab es keine weiche Landung: Das Landwirtschaftsministerium in Saarbrücken widerrief die Genehmigung. Seit etwa 20 Jahren ist der MBC nun bei Althornbach zu Hause. Und fühlt sich dort wohl. „Gäste sind bei uns immer willkommen", sagt Vorsitzender Burkhardt Böse. Er selbst hatte schon als Jugendlicher Modelle gebastelt, verlor dann aber das Interesse. Anderes war plötzlich wichtiger, das Hobby hatte lange Pause. Erst als ihm seine Frau ein Helikopter-Modell zum Geburtstag schenkte, spürte Böse erneut das Modellflug-Kribbeln: „Vor ein paar Jahren habe ich wieder angefangen, das kann zur Sucht werden."

Höchstens drei Modellflieger dürfen auf dem MBC-Flugplatz gleichzeitig an den Start gehen, etwa zehn bis 15 Minuten kann so eine Maschine in der Luft bleiben. Jetzt ist Böse an der Reihe. Nebenan gönnen sich Hedwig, Rainer und Rolf den Nachtisch: eine „Mirabellen-Wähe“ – ein saftiger Obstkuchen mit viel Schmand, wie man ihn in der Schweiz und im Alemannischen so trefflich zu backen versteht. Das Rezept für Rolfs Wähe stammt von einer Köchin aus dem südbadischen Haltingen. Mal klingt Wähe bei ihr wie Waihje, mal wie Wäie. Ob Schweizer und Alemannen verstehen, dass „Wälsche“ ein Wägelchen und kein Blechkuchen ist?

Die drei Stunden bei den Modellfliegern vergehen wie im Flug. Und wenn an ihrer Piste einmal kurz Pause ist, kann man immer noch hinüberschauen zum großen Bruder: Hinten auf den Hügeln liegt der Flugplatz Zweibrücken. Von dort kommt

INFO

HINKOMMEN

Althornbach liegt etwa zehn Kilometer südlich von Zweibrücken. In der Ortsmitte an der Bushaltestelle westwärts in die Straße „Am Bahnhof“ einbiegen. Dort parken und zu Fuß auf einem Wirtschaftsweg weitergehen. Zum Modellflugplatz sind es etwa drei Kilometer, er ist nicht durchgängig ausgeschildert. Der Wirtschaftsweg steigt zunächst ziemlich steil an, er führt an einem Bauernhof (Hübelhof) vorbei. Etwa zwei Kilometer sind es bis zu einem Wäldchen. Dort rechts abbiegen, noch etwa 400 Meter sind es bis zum MBC-Flugplatz. Dieser liegt am „Spürnasenweg“, der 14 Kilometer lange Rundweg beginnt in Althornbach: www.pfaelzer-muehlenland.de („Wandern“).

Alternative ab Hornbach: Im Ort in die Zinselstraße einbiegen, ein Sträßchen führt am Stuppacher Hof vorbei und dann steil hoch zum MBC-Gelände (ca. fünf Kilometer).

DER PLATZ

Zwei Bänke, ein Tisch, großer Unterstand.

DER VEREIN

www.mbc-zweibruecken.de.

ein tiefes Brummen. Doch vermutlich ist es nur ein Traktor, richtige Flugzeuge starten dort nur selten. Der Versuch der Landespolitiker, aus der einstigen US-Base einen Regional-Airport zu machen, ist mühsam und bisher ein Verlustgeschäft.

Das Brummen verstummt, der Himmel bleibt frei. Die drei Picknicker packen den Leiterwagen, der Abschied ist herzlich. „Modellflieger fühlen mit den Augen“, hatte Burkhardt Böse vorhin gesagt. Doch einen Blick für das „Zschocke-Wälsche“ haben sie in diesem Moment nicht. Sie schauen durch ihre Sonnenbrillen zum Himmel. Die „Yak 54“ ist gerade wieder gestartet.

BUS
An Samstagen Verbindung von Zweibrücken nach Hornbach und Althornbach mit den Linien 233 und 235 (Saar-Pfalz-Bus). Zurück mit der Ruftaxilinie 2596. An Sonn- und Feiertagen nur Ruftaxilinie 2596, Telefon: 06332/12525.
Internet: www.vrn.de („Einfach ankommen“, „Fahrpläne“).

KARTE
Westpfalz Süd, Pfälzer Mühlenland, ISBN 978-3-89637-414-1.

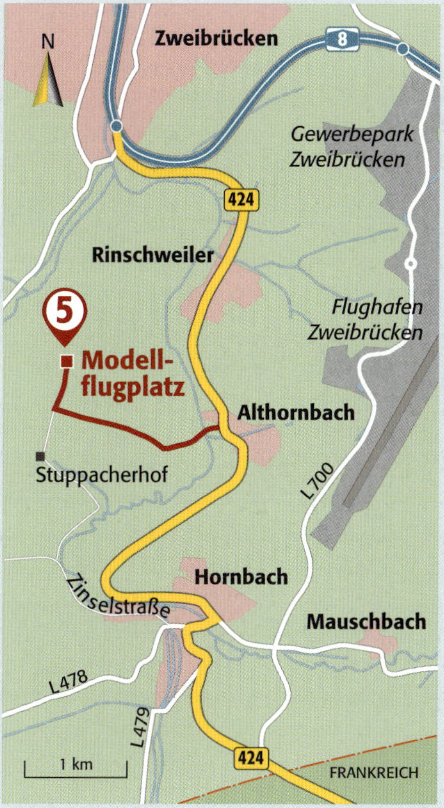

Ziegenkäse aus der Pfalz

Wer dort einkauft, wo die Küchenchefs ihre Ware beziehen, der macht nichts verkehrt. Beim Wein hat die Spitzengastronomie an der Deutschen Weinstraße das Angebot direkt vor der Haustür: rassige Rieslinge von der Mittelhaardt, elegante Burgunder aus der Südpfalz. Beim Ziegenkäse schwören viele Köche dagegen auf einen Betrieb in der Westpfalz: Roland und Ulrike Stichlmeir machen in Erdesbach (Kreis Kusel) seit rund 30 Jahren Ziegenkäse – es ist wohl der beste in der Pfalz. Und auch deutschlandweit liegt der Bio-Betrieb mit an der Spitze. Qualitätsstreben, harte Arbeit und Begeisterung für ihre Produkte haben die Stichlmeirs dorthin gebracht.

Dass sie einmal Ziegenkäse herstellen und dass sie dies in der Westpfalz tun würden, war so anfangs überhaupt nicht klar. Nach ihrem Landwirtschaftsstudium in München schwebte zwar beiden „etwas Praktisches" vor. Dabei dachten sie damals aber eher an Pferdezucht. Die Norddeutsche aus Sankt Peter Ording und ihr süddeutscher Mann schauten sich bundesweit nach einem Bauernhof um, den sie im Nebenerwerb bewirtschaften wollten. Und landeten schließlich in Erdesbach. Statt Pferde standen dort schnell Ziegen im Mittelpunkt. Seit 1990 sind Roland und Ulrike Stichlmeir Vollerwerbslandwirte.

Beide haben, wie man so schön sagt, das Herz auf dem rechten Fleck. Sie sind in der Westpfalz heimisch geworden und haben sich doch einen kritischen Blick auf manchen Stillstand in dieser Region bewahrt. Viele ihrer Kunden kommen aus der Vorderpfalz. Stünde ihre Ziegenkäserei irgendwo an der Weinstraße, „wäre das eine Goldgrube", ist sich Roland Stichlmeir sicher. Aber in der Vorderpfalz gebe es zu wenig Grünflächen für seine rund 120 Ziegen, sagt er.

Vermarktet wird der Erdesbacher Ziegenkäse über den Hofladen, dazu hat der Betrieb einen festen Stand auf den Wochenmärkten in Kaiserslautern und Mainz. Mittwochs fährt Ro-

Ziegenkäsemacherin aus Überzeugung: Ulrike Stichlmeir.

land Stichlmeir die Gastronomietour. Da liefert er aus, was die Küchenchefs bestellt haben. Eine dieser Routen führt beispielsweise von Ramsen („Seehaus Forelle“) bis nach Neupotz („Gasthof zum Lamm“); gefragt ist dabei vor allem Frischkäse. Stichlmeir: „Der ist das Produkt für die Gastronomie, er ist flexibel ohne Ende.“ Doch aus Erdesbach kommen auch Camembert, Blauschimmelkäse, Brique und sogar Mozzarella und Münster – alles aus Ziegenmilch. Mancher Hartkäse ist ein Jahr und mehr gereift.

Woran erkennt man einen guten Ziegenkäse? „Er muss Charakter haben und darf nicht fad wie ein Holländer Käse sein“, sagen Ulrike und Roland Stichlmeir. Ihr Erdesbacher Ziegenkäse ist charakterstark – er lässt sich selbst von den rassigsten Rieslingen und elegantesten Burgundern der Pfalz nicht die Schau stehlen.

Info

Erdesbacher Ziegenkäse: Roland & Ulrike Stichlmeir, Eckweg 2,
66887 Erdesbach, 06381/40418, Internet: www.erdesbacher-ziegenkaese.de.

Mirabellen-Wähe

Für den Teig:

300 g Mehl
200 g Zucker
100 g handwarme Butter
1 Ei
kräftige Prise Salz
ev. 1 EL Milch

Für den Belag:

halbierte und entsteinte Mirabellen
gemahlene Mandeln
125 g Quark
125 g Schmand
125 g Zucker
1 Päckchen Vanillezucker (kein Vanillin)
2 Eigelb
1 EL Maizena
2 geschlagene Eiweiß

❶ Aus den Zutaten einen Teig kneten. Bei Bedarf den EL Milch dazugeben. In Folie einwickeln und im Kühlschrank mindestens eine Stunde ruhen lassen.
❷ Kuchenblech ausbuttern und mit dem Teig auslegen. Teig einstechen und mit den Mandeln bestreuen. Dann mit den halbierten Mirabellen belegen.
❸ Für den Guss Zucker und Eigelb schaumig schlagen, nach und nach Quark und Schmand einrühren. Dann den Eischnee unterheben.
❹ Bei Umluft 30 Minuten bei 180 Grad, dann nochmals 10 Minuten bei 160 Grad backen.

Linsensalat

450 g Linsen (beispielsweise Pardina-Linsen)
3 Zwiebeln
4 Knoblauchzehen
8 Tomaten
5 EL Olivenöl
reichlich gehackte Petersilie
Salz
schwarzer Pfeffer
1 TL Zucker

❶ Linsen ca. 30 Minuten garen, die letzten 10 Minuten 3 Lorbeerblätter hinzufügen. Zwiebeln und Knoblauch fein würfeln. Tomaten grob würfeln.
❷ In einer Pfanne Zwiebeln und Knoblauch in Öl glasig dünsten. Dann Tomaten hinzugeben und etwa 3 Minuten mitdünsten.
❸ Die gekochten und abgetropften Linsen untermischen. Den Salat kräftig mit dem Zucker sowie reichlich Salz und Pfeffer würzen. Mit der Petersilie bestreuen.

Alles goldrichtig

Lammkarree und gegrilltes Gemüse
am Warteturm bei Albisheim

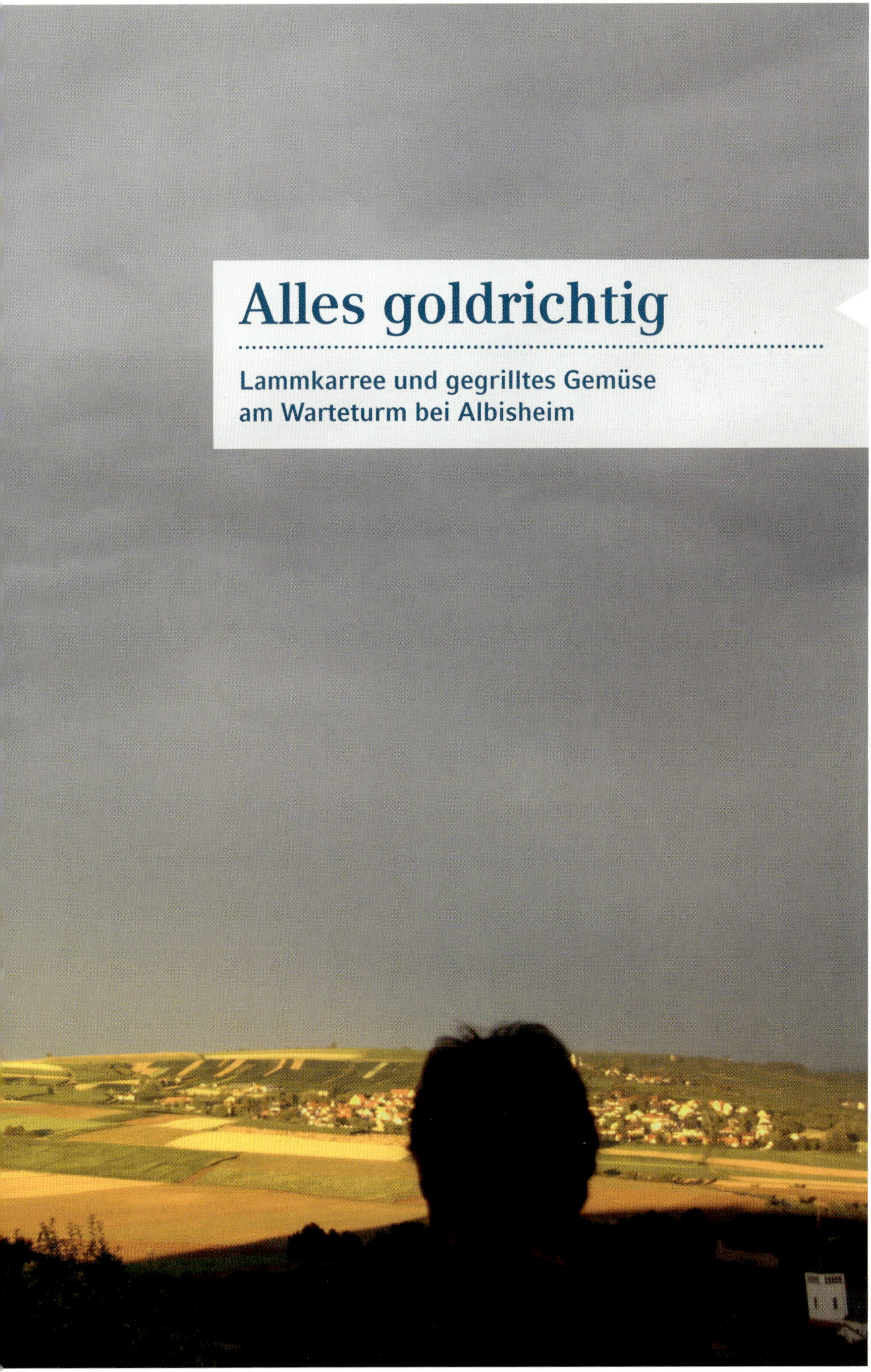

Ein Fenster zum Zellertal: Die Turmhütte hat Wohnzimmerflair – sogar eine Garderobe gibt es dort. Draußen wachsen im „Feuerwehrwingert" 16 verschiedene Rebsorten.

Das Zellertal liegt im Norden der Pfalz. Doch so viel Südseite wie dort gibt es anderswo in der Pfalz kaum. Hier hat die Sonne einen Stammplatz. An einer der schönsten Stellen des lang gestreckten Tals steht der Warteturm – auf dem Wingertsberg bei Albisheim. Die Wetterfahne über den Zinnen ist schwarz-rot-gold. Und dieses Gold sieht echt aus. Hans-Walter Schally weiß, wie man solchen Glanz hinbekommt: „Ich habe ja schließlich schon etliche Kirchturmhähne vergoldet." Schally war Chef eines Albisheimer Malerbetriebs, dazu viele Jahre Feuerwehrmann. Jetzt ist er Rentner. Einen Job hat er jedoch behalten: Schally ist der „Warteturmbetreuer". „Wenn am Abend ein Sonnenstrahl auf die Fahne trifft, dann funkelt das wunderbar", schwärmt er.

Doch an diesem Tag macht die Sonne ausnahmsweise Zellertal-Pause. Hinten am Donnersberg grummelt sogar ein Gewitter. Am Gipfel halten sich zottige Wolken fest, nichts leuchtet. Bis auf Schallys Augen, wenn er von Albisheim und seinem Wahrzeichen erzählt. In der Tat: Der Platz am Warteturm ist auch bei solch einem Wetter ein Goldstück. Von dort kann man in alle Himmelsrichtungen schauen: zu der Rheinebene und dem Odenwald im Osten, hinüber zur Mittelhaardt im Südwesten. Auf der Gegenseite sieht man tief ins Nordpfälzer Bergland und im Westen thront der an diesem Tag etwas brummelige Donnersberg. Hedwig, Rainer und Rolf werden von Schally erst einmal auf die Turmspitze geführt. Zum Rundumblick. „Genau der richtige Appetitmacher“, sagt Rainer.

Wie kommt die kleine Spieluhr zum großen Turm? Gut verpackt im Rucksack.

Zehn Meter ist der Kalksteinbau hoch, errichtet wurde er im Mittelalter und diente wohl als Signalturm, die Turmwächter waren zudem als Feuermelder eingesetzt. Das erklärt vielleicht, warum die Albisheimer Feuerwehrleute ihr Herz an dieses alte Gemäuer verloren haben. Nach einem Wintergewitter im Jahr 1977, bei dem der Blitzeinschlag den Turm schwer beschädigt und fast gespalten hatte, sprangen die Feuerwehrmänner in die Bresche. Rund 50 Helfer packten damals mit an, nach über 1000 Arbeitsstunden strahlte der Turm in neuem Glanz. Und nicht nur das: Eine Turmhütte kam hinzu, eine schöne Wiese, Tische, Bänke, mehrere Feuer- und Grillstellen.

„Ist es nicht herrlich hier?“, fragt Schally. Die Gesichter strahlen. „Wir hätten keinen besseren Platz für ein Grill-Picknick finden können“, meint Hedwig. 1982 erhielt die Feuer-

Danach hatte Rainer lange gesucht: ein Picknickplatz, an dem man grillen darf. Am Warteturm werden solche Träume wahr.

wehr von der Gemeinde die Patenschaft für den Warteturm, seitdem ist Schally Turmbetreuer. Er ist dies mit Leib und Seele. So wie er mit Leib und Seele Feuerwehrmann war. Vor Kurzem hat er eine besondere Sonnenuhr entworfen und am Turm montiert: Der Stab ist beweglich, die Uhr kann so auf Sommer- und Winterzeit eingestellt werden. „Es war ein Experiment, aber es funktioniert", sagt Schally stolz. Überprüft werden kann das an diesem Tag nicht – die Sonne fehlt, der Turm ist zeitlos.

Den Grillplatz können Picknicker und andere Gruppen für 25 Euro „Pflegebeitrag" mieten. Das Trio bekommt von Schally die letzten Einweisungen und dann noch einen besonderen Begrüßungsschluck. 1983 wurde unterhalb des Turms der „Feuerwehrwingert" angelegt, dort stehen 34 Stöcke mit 16 verschiedenen Rebsorten. Der Wein aus diesem Sammelsurium ist ein Unikum. Die Farbe: roséTrüb! Der Geschmack: einzigartig! Schally verabschiedet sich und steigt in seinen Trabi-Jeep – ein Erinnerungsstück aus der Zeit, als die Albisheimer Feuerwehr nach der Wende in Thüringen Aufbauarbeit geleistet hat. Doch das ist eine andere Geschichte. Schally winkt noch einmal und rattert talwärts. Dann ist alles still.

Die Turmhütte hat Wohnzimmerflair. Es gibt eine Garderobe. Und einen Sessel mit der Aufschrift „The President of Warteturm". Die drei Freunde sitzen draußen auf der Bank und nippen nachdenklich am Feuerwehrwingerts-Wein. Und genießen diesen Ort. Der Warteturmplatz wird dabei schnell zur Insel. Die Hügel rundum rücken scheinbar in die Ferne.

Frohnatur und Feuerwehrfan: Hans-Walter Schally (rechts) weiß alles über das Zellertal und den Warteturm. Wer Glück hat, dem öffnet er auch die Tür zur Aussichtsplattform, die ansonsten verschlossen ist.

„Serpentinen City Albisheim, 2 km“, weist ein Schild auf den Fußweg zum Abstieg hin. Doch wer dort oben sitzt, für den sind es eher gefühlte 200 Kilometer zur Außenwelt. Viel zu weit. Die Wolken werden noch ein Stück dunkler. Abendruhe.

Auf einen Pfosten haben die Feuerwehrleute ein Fernrohr montiert. Es ist fest fixiert. Zum Schauen gibt es nur ein Motiv: den Horizont. Und so vergisst man auch leicht, dass die Energiewende mittlerweile auch das Zellertal nicht verschont. Der Warteturm schirmt die Windräder hinter ihm gnädig ab. Vom Grill duftet das Lammkarree. In der Aluschale schmort die Beilage, eine Mischung aus Fenchel, Zucchini, Frühlingszwiebeln

Dieses Fernrohr kennt nur eine Blickrichtung: Der Ausguck wurde mit Packband am Zaun fest fixiert. Das verhindert, dass Windräder, die es mittlerweile auch im Zellertal gibt, ins Bild kommen.

und Äpfeln. Die Marinade, in der das Gemüse zuvor eingelegt war, ist eine wohlige Überraschung: Olivenöl, Zitronensaft, Sojasauce und Thymian.

Rolf hat eine alte Spieluhr mitgebracht und zieht sie auf. Es ist eine leise, glockenklare Picknick-Musik. „Schally wäre sicher stolz auf uns", meint Hedwig und lacht. Denn der Turmbetreuer hatte vorhin kopfschüttelnd erzählt, wie neulich eine feiernde Schulklasse wuchtige Lautsprecherboxen auf dem Gelände aufgestellt hatte, „mit denen man Rock am Ring hätte beschallen können".

Die Wetterfahne dreht sich ein Stück im Wind, die Spieluhr säuselt: *„Wir auch wollen lustig sein, / lustig wie die Vögelein, / hier und dort, feldaus, feldein, / singen, springen, scherzen."* Plötzlich reißt der dunkle Himmel ein Stück weit auf. Ein Sonnenstrahl trifft die Wetterfahne. Es funkelt tatsächlich. Und dann ergießt sich die Abendsonne breit und goldgelb über die Felder und Weinberge des Zellertals. Die Sonne ist zurück an ihrem Stammplatz. Alles hier ist goldrichtig. Fast alles.

INFO

HINKOMMEN

Der Rastplatz am Warteturm befindet sich auf 278 Meter Höhe oberhalb von Albisheim (Donnersbergkreis), er liegt am Fernwanderweg E8. Wer dort vorbeikommt, kann für eine Brotzeit Pause machen. Wer den Grill benutzen möchte oder auf der Anlage ein Fest feiern will (25 Euro), muss sich vorher bei Warteturmbetreuer Hans-Walter Schally anmelden. Kontakt: 06355/763, www.feuerwehr-albisheim.de („Informationen").
Zugang von der B 47: Am westlichen Ortsende von Albisheim wurde ein neuer Wanderparkplatz angelegt. Der Wirtschaftsweg führt zunächst parallel der Bundesstraße ein Stück nach Osten und zieht dann in einer großen Schleife den Hang hinauf (ab dort ausgeschildert) und schließlich auf dem Bergrücken wieder westwärts zum Warteturm.

DER PLATZ

Bänke und Tisch im Freien, in der Hütte Tische und Sitzgelegenheiten für ca. 20 Personen, Feuerstellen, Grillplatz, Liegewiese.

BAHNHOF

Albisheim, die Zellertalbahn fährt von Mai bis Oktober an Sonn- und Feiertagen: www.eistalbahn.com.

KARTE

Grünstadt und Leininger Land, Naturparkkarte P3 (alt),
ISBN 978-3-89637-279-6.

Licht und Schatten – die Pfälzer Sonnenuhren

Für eine Sonnenuhr ist es wohl die Höchststrafe: eingemauert, weggesperrt. Wer einer Sonnenuhr das Licht raubt, der nimmt ihr das Leben. Der Sonnenuhr an der Peterskirche in Kirchheimbolanden ist genau dies widerfahren. Vermutlich 1932 hatte man die Dachkonstruktion am Langhaus verändert und das Kirchendach um die Turmecke gezogen. Die Sonnenuhr wurde quasi überbaut und verschwand so im Speicher des Gotteshauses. Wer sie heutzutage sehen will, muss auf den staubigen Dachboden der Peterskirche klettern.

Sonnenuhr an der Peterskirche in Kirchheimbolanden.

Es ist nicht irgendein Exemplar, das dort jetzt ein Schattendasein fristet. Der Zeitmesser an der Peterskirche gilt als Kulturdenkmal von großer Seltenheit; er ist wohl um das Jahr 1250 entstanden und damit eine der ältesten Sonnenuhren Deutschlands. Dass sie nicht ganz vergessen ist, verdankt sie Knut Deutschle. Der passionierte Uhrenliebhaber aus Rockenhausen hatte vor über 30 Jahren pfalzweit Inventur gemacht. 1979 bat er die Bevölkerung um Mithilfe: „Sonnenuhren gesucht" lautete sein Aufruf in den Zeitungen. Die Resonanz war überraschend groß.

Deutschle ging den Hinweisen nach, beschrieb die Uhren,

Mit der Vergrößerung des Kirchendachs begann für die Sonnenuhr das Schattendasein – sie wurde überbaut.

ließ sie fotografieren. Sein 1984 erschienenes Buch „Sonnenuhren in der Pfalz“ führt zu über 40 dieser alten Chronometer, die unter anderem in Zweibrücken, Obermoschel, Deidesheim, Dörrenbach oder eben in Kirchheimbolanden zu finden sind. Etliche stammen aus dem Mittelalter, andere aus dem 18. Jahrhundert. „Sonnenuhren sind wissenschaftliche Präzisionsinstrumente, die unsere Achtung verdienen“, mahnt Deutschle. Viele alte Exemplare seien zum Zeitpunkt seiner Dokumentation schon verloren gewesen. Unter anderem, weil sie Sandstrahlern und Hochdruckreinigern zum Opfer gefallen waren. Deutschles Buch sollte diese Gedankenlosigkeit bremsen. „Es ist in der Tat fünf Minuten vor zwölf, um wenigstens die letzten dieser kulturhistorisch so interessanten Instrumente zu erhalten“, mahnten damals auch andere pfälzischen Historiker.

Der Landauer „Kalenderstein".

Und wie ist die Lage heute? „Es geht", sagt Knut Deutschle, der in Rockenhausen das ambitionierte „Museum für Zeit" aufgebaut hat und bis heute leitet. In der Tat wurde manches restauriert. Doch immer noch gibt es viel Schatten. Das gilt beispielsweise für den „Kalenderstein" von Landau, den Deutschle als „die schönste und interessanteste Sonnenuhr der Pfalz" einstuft. Dieses aus dem 18. Jahrhundert stammende Kunstwerk hat wenig mit den üblichen Wanduhren gemein: Eine Sandsteinsäule trägt ein Sonnenuhrenpult. Es ist ein Multifunktionsgerät, an dem man vieles ablesen kann: Sommerzeit, Winterzeit, auf der Achterschleife die Mittagsuhr sowie Winter- und Sommersonnenwende.

Der „Kalenderstein" ist reich verziert, doch schon bei Deutschles Bestandsaufnahme vor 30 Jahren präsentierte er sich in einem beklagenswerten Zustand. Die wunderschönen Widderköpfe, die einst die Schattenstäbe getragen haben, seien teilweise zerstört, der Sockel weise schlimme Schäden auf, notierte der Experte damals. Daran hat sich nichts geändert. Keine Sanierung, keine Ausbesserung. Im Gegenteil, es sind eher noch mehr Zerstörungen geworden.

Ursprünglich hatte das Pult in der Nähe der Militärbäckerei im Landauer Quartier Chopin die Uhrzeit angezeigt. Dann kam es ins Landauer Heimatmuseum, wo das Stück lange Zeit im Kel-

Sonnenuhr des Bildhauers Gernot Rumpf in Neustadt-Lachen.

ler stand. Inzwischen hat man den „Kalenderstein" wie einen Mülleimer auf den Hof des Museums verfrachtet. Dort ist die ungewöhnliche Sonnenuhr ungeschützt Wind, Frost und Regen ausgesetzt. In diesem Fall scheint es schon fünf nach zwölf zu sein …

Mitunter kommt es aber auch bei Sonnenuhren zur Rundumerneuerung. Im Neustadter Ortsteil Lachen wurde die alte, unlesbar gewordene Uhr am Turm der protestantischen Kirche im Jahr 1975 ersetzt. Der neue Zeitgeber ist das Werk des Neustadter Künstlers Gernot Rumpf, der vor allem durch seine Brunnen und Plastiken mit pfälzischen und biblischen Motiven bekannt wurde. Auch hier ist Rumpfs Motivwelt opulent: eine Nachteule, eine geflügelte Sanduhr, die auf die Begrenztheit des Lebens hinweist, dazu ein Igel, der als Schlangenjäger für die Überwindung des Teufels steht, und die

Globus-Sonnenuhr in Dirmstein.

Taube in Noahs Arche, die das Ende der Sintflut ankündigt. Das Lachener Schmuckstück ist die einzige Sonnenuhr, die Rumpf bisher geschaffen hat.

Der Kirchturm war früher der typische Platz für eine Sonnenuhr. Denn die seit dem 13. Jahrhundert verbreiteten Räderuhren waren sehr ungenau und mussten häufig nachgestellt werden. Diese Aufgabe übernahmen meist der Schuldiener oder der Glöckner. Die Uhrenrichter benötigten dafür aber einen Orientierungspunkt – dies war in der Regel eine Sonnenuhr. Denn die war viel exakter als die mechanischen Zeitgeber. Bis Mitte des 19. Jahrhunderts blieb dies so. Erst durch die Eisenbahn und die einheitlichen Bahnhofsuhren wurden die Sonnenuhren schließlich außer Dienst gestellt. Deutschle kann dies mit einem Ratsprotokoll der Stadt Zweibrücken vom 10. August 1858 belegen. Darin heißt es: „Dem Uhrenrichter Bietz wird aufgegeben, die Kirchenuhren stets nach der Bahnuhr zu richten. Die Kirchenuhren dürfen gegenüber der Bahnuhr höchstens 4 Minuten vorgehen."

Eine kuriose pfälzische Sonnenuhr hat der Rockenhausener Fachmann bei seiner Bestandsaufnahme damals freilich übergangen: die Globus-Sonnenuhr im Garten des Koeth-Wanscheidschen Schlosses in Dirmstein (Kreis Bad Dürkheim). Zur Zeitmessung muss ein Bügel um die Globus-Achse genau in die Stellung gedreht werden, die den kleinsten Schatten wirft. Aus Frankreich sind Deutschle solche Globus-Uhren bekannt, in der Pfalz seien sie jedoch „sehr selten“.

Im Fall des Dirmsteiner Exemplars ruht der Globus auf einem gusseisernen Sockel, der mit Formen des Barocks spielt. Die Uhr selbst stammt wohl aus dem 19. Jahrhundert. Auf einem Aquarell aus dem Jahr 1866, das der Hofgerichtsrat Schenkh von Schloss und Garten gemalt hat, ist die Uhr zu sehen. Ob der Globus allerdings damals bereits einen Bügel hatte und tatsächlich als Sonnenuhr funktionierte, daran hat Friedrich Raudasch vom Dirmsteiner Kulturverein seine Zweifel: „Das war früher eine nackische Kugel, das andere ist später darangestaltet worden.“

Nachgearbeitet wurde auch in Kirchheimbolanden. Die Zeit hat inzwischen die Wunden geheilt. Als 1974 an der Peterskirche die Fassade des Turms erneuert wurde, erinnerte man sich der unter dem Dach verschwundenen Sonnenuhr. An der frei sichtbaren Südostecke des Turms wurden als Ersatz in gleicher Höhe und in gleicher Form Linien für eine neue Sonnenuhr in den Stein gehauen. Doch die Kopie blieb zunächst unvollendet und geriet in Vergessenheit. Erst bei erneuten Renovierungsarbeiten an der Kirche im Jahr 2010 wurde sie wiederentdeckt. Die Uhr bekam jetzt einen Stab, wurde ausgemalt und zeigt seitdem zuverlässig die Zeit an. Immer, wenn die Sonne scheint …

Info

Weitere alte Sonnenuhren in der Pfalz: Abteikirche Otterberg (1225), katholische Kirche Imsweiler (1526), evangelische Kirche Rüssingen (ca. 1700), evangelische Kirche Leinsweiler (1596), Weingut Dr. Kern in Deidesheim (1817), evangelische Kirche Zell (1906). Zum Weiterlesen: Knut Deutschle, Sonnenuhren in der Pfalz, 1984, 136 Seiten, Bezug: www.shop.pfalzgeschichte.de oder www.pfalz-buchhandlung.de.

Internet: www.museum-fuer-zeit.de

Lammkarree „Warteturm“

1 Lammkarree, die Knochenenden sauber abgeschabt
Meersalz
Im Mörser geschroteter schwarzer Pfeffer
Rosmarin
Thymian
Zitronenthymian
Oregano
Olivenöl
2 Knoblauchzehen

❶ Das Lammkarree mit dem Messer an den Knochen leicht einschneiden.
❷ Die frischen Kräuter und den Knoblauch kleinschneiden und mit dem Olivenöl vermischen (ohne Salz und Pfeffer).
❸ Das Lammkarree mit der Kräutermischung einreiben und 2 bis 3 Stunden ziehen lassen.
❹ Bei guter Hitze das Karree 20 bis 22 Minuten grillen, das Fleisch sollte innen noch rosa sein.

Zellertaler Grillgemüse

4 Bund Frühlingszwiebeln
2 Zucchini
4 Äpfel
3 Fenchelknollen

Für die Marinade

100 ml hitzebeständiges Öl (z.B. Rapsöl oder Sonnenblumenöl)
6 EL Zitronensaft
6 EL Sojasoße
1 EL grüne Pfefferkörner
Thymian
2 Alu-Grillschalen

❶ Gemüse waschen und nicht zu klein schneiden

❷ Für die Marinade die Pfefferkörner leicht zerdrücken und mit Öl, Zitronensaft und Sojasoße verrühren und mit Thymian würzen.

❸ Gemüse in der Marinade ziehen lassen.

❹ Gemüse in den Aluschalen etwa 12 Minuten grillen, dabei wenden.

❺ Man kann die Gemüsewahl je nach Saison variieren und auch nach Geschmack weitere Kräuter hinzufügen.

Sonne im Herzen

Auf der Tribüne am Kirschfelsen ist auch im kalten Winter der Sommer ganz nah

Die lange Aufstiegsvariante hat es in sich: Da kommt man selbst im Winter schnell ins Schwitzen.

Für Laien sieht es aus wie ein größerer Teebeutel. Der Inhalt gilt bei Bergsportlern als heiße Mischung: Eisenpulver, Salz, Aktivkohle, Wasser und das Mineral Vermikulit. Wird der 25-Gramm-Beutel aus seiner luftdichten Verpackung geholt, verwandelt er sich in einen Handwärmer. Ein 1-Euro-Spaß. Der beschleunigte Oxidationsprozess sorgt laut Hersteller für Temperaturen bis zu 65 Grad. Und das acht Stunden lang. Die Erfindung scheint das perfekte Zubehör für ein Winter-Picknick zu sein.

Unten im Wellbachtal zeigt das Thermometer 4 Grad minus, darüber strahlt der blaue Himmel. „Komm, wir packen gleich mal einen aus" – der Beutel wandert durch die Hände der drei Freunde. „Ich spüre nichts", sagt Rainer. „Vielleicht muss man den vorher erst richtig durchkneten", meint Rolf. Immer noch nichts. Rainer steckt den Handwärmer in die Jackentasche: „Lasst uns doch einfach so loslaufen." Vom Wanderparkplatz führt der Weg stellenweise sehr steil bergauf zum 496 Meter hoch gelegenen Kirschfelsen. Solch ein Anstieg wärmt zunächst genug. Und nicht nur die Hände. Als das Trio eine Stunde später das Ziel erreicht, ist das Eisenpulverbeutelchen vergessen.

„Wow, das ist ja der Hammer!", ruft Hedwig. Und das ist es. Direkt an der überhängenden Felskante steht eine Tribüne mit vier Sitzreihen. Außergewöhnlicher und spektakulärer, zugleich bequemer und entspannter kann man im Pfälzerwald nirgendwo über Berg und Tal schauen. Das ist große Naturoper! Etwa zwei Dutzend Aussichtstürme gibt es im Pfälzerwald – nimmt man Warten und Pavillons dazu, sind es wohl doppelt

Tribüneneintopf oder Hüttensuppe? Hauptsache warm! Ein kleiner Gaskocher macht's möglich.

so viel. Auch auf dem Kirschfelsen stand einmal ein Turm, den dort Bundeswehr-Pioniere 1978 aus Holz errichtet hatten. Die Besteigung war aber zuletzt eine ziemlich wackelige Angelegenheit, zwei Leitern führten hoch zur Plattform. Ein Ausflug für Mutige.

Aber ein Turm bleibt ein Turm: Man kann von oben zwar hinunterschauen – in der Regel jedoch nur im Stehen. 2009 hat „Trifels Natur", eine Tochterfirma der Stadt Annweiler, den altersschwachen Ausguck auf dem Kirschfelsen durch die große Holztribüne ersetzt. Rund 30 Sitzplätze hat das Unikum, natürlich mit Südseite-Garantie. Dort kann man gemütlich hocken und sogar liegen. Der Panoramablick auf den Wasgau ist grandios. An diesem sonnigen und verschneiten Wintertag allemal. Es ist eine Tribüne direkt am Himmel. Hier oben hat man keinen Boden mehr unter den Füßen, Welt und Leben erscheinen leicht und schwerelos. „Wie im Märchen", sagt Hedwig. „Oder wie bei Jim Knopf und Lukas, wenn die mit ihrer Lokomotive über die Krone der Welt fliegen", meint Rolf.

Doch die Berge hier sind nicht unbesteigbar. Scheinbar sanft liegen sie da, dunkeltürkis sind ihre Silhouetten – nach hinten werden sie immer zarter. Fast durchsichtig. Die besiedelte Rheinebene? Störende Windräder und Kühltürme? All dies verschluckt der Dunst an diesem Nachmittag. „1a, perfekt", begeistert sich auch Rainer.

Wenn bei ihren Ausflügen im Sommer der Schatten zu kurz und die Luft zu dick war, hatten die drei Pfalzliebhaber immer wieder darüber nachgedacht: „Einmal probieren wir es auch

Wohl einer der spektakulärsten Aussichtsplätze im Pfälzerwald: Die Tribüne am Kirschfelsen hat rund 30 Sitzplätze – da sollte bei der Rast niemand stehen müssen.

mit einem Winterpicknick." Für den Tribünentraum auf dem Kirschfelsen muss man dazu nur das Richtige in den Rucksack packen: Isomatten, Decken oder Schlafsäcke, eine Thermoskanne mit Glühwein. Was noch? Vielleicht einen Handfeger, um den Schnee von den Sitzbänken zu wischen. Und auch das Wetterglück gehört zum Winterpicknick. Hedwig, Rainer und Rolf haben es an diesem Tag zu 101 Prozent. Die Wintersonne streichelt Wangen und Nase. Nur die mitgebrachte Linsensuppe benötigt die Unterstützung eines kleinen Gaskartuschen-Kochers.

Wer sich an den Wellen der Wasgauberge sattgesehen hat, behält dennoch gerne seinen Tribünenplatz und bleibt sitzen. Auf dem Kirschfelsen lässt sich vieles ausmalen. Wie schön wäre es beispielsweise, wenn da gesungen würde. Die Tribüne bietet Platz für einen ganzen Chor. Rainer, Hedwig und Rolf haben sich etwas anderes vorgenommen und ein paar Bücher von Pfälzer Mundartdichtern mitgebracht. Michael Bauers Ge-

Ein Klassiker auch in der Picknick-Küche: Linsen mit Würstchen. Noch etwas Rotweinessig – was gibt es Besseres?

schichtensammlung „Die Liebestinte" und Paul Münchs „Die pälzisch Weltgeschicht". „Gibt es einen besseren Ort, um daraus vorzulesen?", fragt Hedwig. Wohl kaum.

Paul Münch dichtete über die *„Schepfungssache"* vom *„liewe Gott": Un wie die Welt ganz fertig war / Un alles scheen und wunnerbar, / Do sa't er mit 'me stolze Blick: / Die Palz, das is mei Meeschterstick, / Mer merkt, dass ich allmächtig bin, / Do mach ich 's Paradies enin.*

Der Kirschfelsen ist ein Stück von diesem Paradies. Ein richtig großes Stück. Dazu passt der gerollte Hefe-Nuss-Napfkuchen aus Hedwigs Backofen. Auch er ist ein Gedicht!

Decken, Kissen, Suppe, Kuchen: Ein mittelgroßer Rucksack wird für ein Winterpicknick schon gebraucht. Beim Zusammenpacken rauscht und faucht es plötzlich. Die Gaskartusche? Die Köpfe fliegen hin und her. Da zischt ein Segelflieger vorbei – Richtung Rheinebene. Auch jetzt eröffnen sich am Kirschfelsen ganz ungewohnte Perspektiven: Von der Tribüne kann man direkt in die Kanzel des Segelfliegers schauen. Der Pilot winkt nicht zurück.

Nach dem Abstieg ins Wellbachtal liegt der Wanderparkplatz bereits tief im Schatten. Rainer greift nach dem Autoschlüssel und zieht dabei den vergessenen Handwärmer aus

INFO

HINKOMMEN

Die Wellbachtal-Straße (B 48 zwischen Rinnthal und Johanniskreuz) bis zur Abzweigung Annweiler Forsthaus fahren. Dort gibt es einen Wanderparkplatz.

Der Kirschfelsen lässt sich auf zwei Routen erreichen:
Variante 1 (unmarkierter Weg): Vom Wanderparkplatz an der Abzweigung an der B 48 etwa 300 Meter auf der Straße Richtung Forsthaus laufen. Am Ende des lang gezogenen Holzlagerplatzes dann rechts hoch in den Forstweg (stößt mit einer Doppeleinmündung auf die Straße) zum Schlesierbrunnen abbiegen. Der wird nach zwei Spitzkehren erreicht. Am Brunnen rechts den sehr steilen Weg bergauf nehmen. Dieser mündet auf einen quer verlaufenden Forstweg. Dort etwa 150 Meter nach rechts bis zur Linkskurve mit Lichtung und Ausblick. Dort die Abzweigung nach links nehmen. An der nächsten Wegspinne erst wenige Meter nach halbrechts, dann nach links abbiegen und weiter hinauf. An der nächsten Wegspinne wird rechts eine Schutzhütte auf einer Lichtung sichtbar. Hinter der Hütte auf den Weg nach links einbiegen, an der zweiten Abzweigung links einen Pfad, wieder recht steil, nehmen. Der stößt auf dem Kamm auf einen grasbewachsenen Weg: den nach links nehmen. Nach wenigen Minuten in einer Kurve den Abzweig nach links zum Kirschfelsen nehmen (etwa 70 Minuten).
Variante 2: Bis zum Annweiler Forsthaus fahren. Der größte Teil der vier Kilometer langen Strecke ist allerdings wegen schlechter Wegstrecke nur noch „auf eigene Gefahr" befahrbar (Stand 2014). Am Forsthaus den Weg mit der Markierung Nummer 1 nehmen und über den Höhenzug „Langplatte" zum Kirschfelsen wandern (etwa 30 Minuten). Wenn bei Gabelungen Markierungen fehlen, jeweils den Weg geradeaus nehmen.
Internet: www.wanderportal-pfalz.de (Rubriken „Wandern", „Stippvisiten", „Türme", Tour „Turm 14").

der Jackentasche: „Jetzt glüht er aber richtig.“ 65 Grad waren ja auch versprochen! „Aber brauchen wir den überhaupt noch?“, fragt Rolf. Nein, bestimmt nicht. Denn wer an solch einem Tag auf dem Kirschfelsen war, der behält die Sonne im Herzen. Das wärmt länger als nur acht Stunden lang.

DER PLATZ
Tribüne mit ca. 30 Sitzplätzen, zusätzliche Sitzbank auf einem Felsvorsprung, keine Papierkörbe, kleine Schutzhütte mit Tisch und maximal 14 Sitzplätzen.

NÄCHSTER BAHNHOF
Rinnthal, ca. vier Kilometer vom Wanderparkplatz entfernt.

KARTE
Annweiler am Trifels, Naturparkkarte P12 (alt), ISBN 978-3-89637-288-8.

LESETIPPS
Paul Münch: Die pälzisch Weltgeschicht, Edition Tintenfaß, Neuausgabe 2004, ISBN: 978-3-937467-04-7.
Michael Bauer: Die Liebestinte. Verzehlschers, Traumreisen, Fußballiaden, Pseudoprotokolle, Babbelkantaten, Pfälzische Verlagsanstalt 1991. Dieses Buch ist vergriffen, aber antiquarisch gut erhältlich (www.zvab.com).

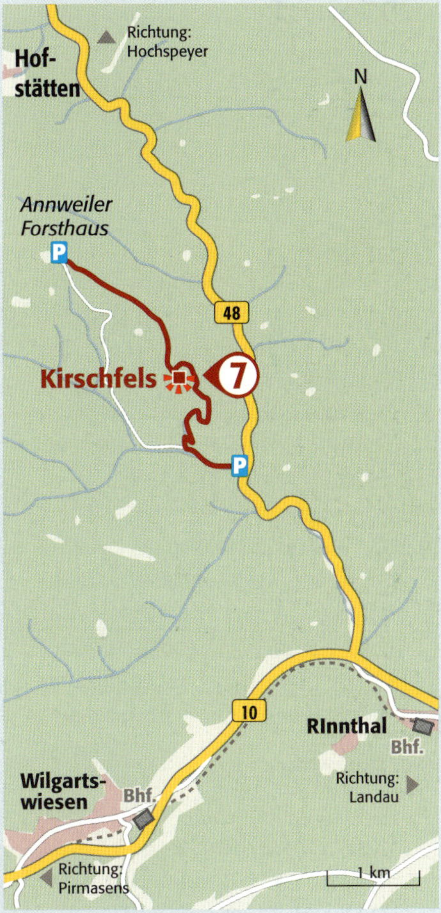

Hochgefühle auf der „Haardter Welle“

In den Herbst- und Wintermonaten kann es an der Weinstraße zu einem seltenen Wetterphänomen kommen: Die Luft, die bei Westwind über das Haardtgebirge weht, gerät in geheimnisvolle Schwingungen. Dabei bildet sich eine Welle, auf der Segelflieger fast bis in den Himmel surfen. „Luft fließt genau wie Wasser“, sagt der Pfälzer Segelflieger Peter Franke.

Die Entstehung der „Haardter Welle“ – oder auch „Haardt-Welle“ – erklärt er deshalb am Beispiel eines schnell strömenden Baches, in dem ein Stein liegt: „Das Wasser überspült das Hindernis und erzeugt dahinter eine Reihe von Wellen, die auf der Stelle stehen.“ Der „Stein im Bach“ – das sind an der Weinstraße die Berge am Haardtrand. Wenn der Mix aus Luftfeuchtigkeit, Temperatur, Windgeschwindigkeit und Windrichtung stimmt – und nur dann –, passiert dies: Nach dem Absinken der Luft an der Ostseite des Pfälzerwaldes beginnt sie im Rheingraben erneut aufzusteigen – und wieder zu fallen.

Zwischen Haardt und Odenwald können sich so gleich mehrere ortsstabile Wellen bilden, manchmal ist es auch nur eine. Die Bedingungen dafür ergeben sich vorzugsweise in der thermikarmen Zeit – also von Oktober bis März/April. An der Haardt kann eine solche Welle bis zu 40 Kilometer breit sein und von Landau bis Grünstadt reichen. Ihr Aufwind ist einzigartig – er kann Segelflieger in sehr große Höhen tragen. „Wie Wellenreiter können wir darauf gleiten und emporsteigen“, sagt Franke, der bei der Segelfluggruppe Giulini (Dannstadt-Schauernheim) aktiv ist.

Weil es zu dieser Wettererscheinung auf der dem Wind abgewandten Seite (Lee) kommt, nennen die Meteorologen sie auch „Leewellen“. Das Phänomen ist aus allen Teilen der Welt bekannt. Wagemutige Segelflieger suchen und finden ihre „perfekte Welle“ deshalb oft am Kamm der Alpen oder an den Anden. Die Aufwindkraft der Leewellen hatten Segelflieger Anfang des 20. Jahrhunderts ent-

Hier ist sie wirklich grenzenlos: die Freiheit über den Wolken.

deckt. An der Weinstraße wurde dieses Phänomen aber erst relativ spät erkannt: Im November 1968 war es Piloten erstmals gelungen, sich am Ostrand der Haardt eine Welle zu erfliegen. Von unten sieht eine solche Welle aus wie ein langes, stillstehendes Wolkenband. „Wir können parallel zur Haardt vor der Wolke entlangfliegen", sagt Franke. Normalerweise müssen Segelflieger, um Höhe zu gewinnen, unentwegt kreisen. Nicht aber auf einer Leewelle, dort können sie geradeaus fliegen und dabei dennoch kontinuierlich steigen. Franke: „Alles ist dann ganz ruhig, man kann schauen, das ist Lustfliegen und ein tolles Erlebnis."

Wie toll, das zeigt der Flug des Landauer Piloten Jochen Polsz am 5. Februar 2011. Dieser Tag ist bei der Gilde der pfälzischen Segelflieger bis heute als „Ritt auf der Jahrhundertwelle" unvergessen. Es gab damals ein kräftiges Tief im Norden, ein großes Hoch im Süden – und mittendrin lag die Pfalz in einer sehr starken Westströmung. Den Beginn seines Wellenflugs hat Polsz so in Erinnerung: *„Es*

Für Segelflieger ein Genuss: der Ritt auf einer Leewelle.

geht rasant an den Wolken vorbei in die Höhe. Die Oberkante der Wolkenbänke lag bei 1600 Metern. Man fühlt sich wie in den Alpen, wenn man am Hang entlangfliegt und es nur bergauf geht. Kurze Zeit später lässt man die Wolken unter sich, ‚reitet' die Welle ab und sucht das stärkste Steigen. Es stellt sich, wie so oft, zwischen Neustadt und Bad Dürkheim ein. Und so war ich schon nach 30 Minuten auf 3000 Meter Höhe."

Bei dieser Höhe ist für Segelflieger über der vorderpfälzischen Rheinebene normalerweise Schluss. Weiter steigen dürfen sie nur mit einer Genehmigung der Deutschen Flugsicherung (DFS). Solche Freigaben wurden aber für das Rheintal bis dahin nur sparsam erteilt, denn in diesem Luftraum gibt es wegen der An- und Abflüge von den Airports Frankfurt, Ramstein und Hahn reichlich Verkehr. Doch Polsz hat an diesem Tag einen äußerst verständnisvollen Fluglotsen im DFS-Zentrum im hessischen Langen sitzen: Er bekommt zunächst die Freigabe, bis 4200 Meter zu steigen, dann bis 5500. Am Ende waren es 6965 Meter. Polsz: „Die kompletten Alpen waren deutlichst zu sehen, aber sonst nur ein Meer aus Wolken."

Doch der Segelflieger muss es erst einmal in die Welle schaffen. Der Weg dorthin ist mitunter mühsam. Unter den Wellen drehen sich sogenannte Rotorwolken und sorgen für extreme Turbulenzen. Als Jochen Polsz damals in Landau zu seinem „Ritt über die Jahrhundertwelle" ansetzte, war dort die Wolkendecke geschlossen, ein Loch fand er erst am Hambacher Schloss bei Neustadt. Eine solche Lücke ist typisch für Leewolken. Der Westwind, der über den Pfälzerwald bläst, ist meistens feucht. Es kommt zur Wolkenbildung. Wenn die Luft dann am Haardtrand nach unten fällt, erwärmt sie sich und kann deshalb mehr Feuchtigkeit aufnehmen. Die Wolken lösen sich auf. Wellenexperte Peter Franke: „Es bildet sich eine Föhnlücke." Wenn die Luft in der Welle wieder nach oben strömt und sich abkühlt, bilden sich erneut Wolken.

Die Föhnlücke wird also als freier Streifen am Himmel sichtbar, der zwischen den Wolken über dem Pfälzerwald einerseits und denen über der Rheinebene andererseits liegt. Franke: „Im Herbst wird die Weinstraße deshalb bei starkem Westwind immer von der Sonne beschienen, das ist gut für den Wein." In der Tat hat Neustadt nach Angaben von Meteorologen durchschnittlich 1800 Sonnenstunden im Jahr, in Ludwigshafen und Mannheim sind es nur 1675.

Info

Videos zu Flügen auf der Haardt-Welle auf der Internet-Plattform „YouTube". Stichworte zur Suche: „Leewelle", „Pfalz".
Das tolle Video zum „Ritt auf der Jahrhundertwelle" von Jochen Polsz und Andreas Maurer (Landau): http://www.youtube.com/watch?v=C6pf4MzArEY.
Fotos von Leewellen: Wetterkamera bei Neustadt: www.martingrund.de (Rubriken: Pfalzwetterkamera, Leewelle).

Hefe-Nusskuchen in der Napfform

Hefeteig:

500 g Mehl
1 Päckchen Hefe
3 Eigelb
ca. ¼ l Milch
Salz
ca. 50 g Zucker

Füllung:

400 g Haselnüsse gemahlen
300 g Zucker
3 Eiweiß
¼ l Sahne

❶ Den Hefeteig am besten am Vorabend (Vorteig und dann den Teig) ohne die Eigelbe ansetzen. Über Nacht gehen lassen. Ca. eine Stunde vor der endgültigen Verarbeitung Eigelbe in den Hefeteig einarbeiten (eventuell mit etwas Mehl und Milch), dann nochmals gehen lassen.
❷ Den Teig dann etwa 1 cm dick ausrollen, in der Breite so, dass diese dem Umfang der Napfform entspricht.
❸ Für die Füllung Zucker in der Sahne auflösen, Haselnüsse zugeben, Eiweiß mit etwas Zucker sehr steif schlagen und unter die Masse heben. Die Masse gleichmäßig bis zu den Rändern hin auf den Teig auftragen.
❹ Teig zu einer Rolle aufrollen. Backform sorgfältig mit Butter einfetten Die Teigrolle mit dem freien Teigrand nach oben in die Backform einlegen. Teigrand und die beiden Teigenden mit Milch anfeuchten und verkleben.
❺ Bei 160 bis 180 Grad eine gute Stunde backen.

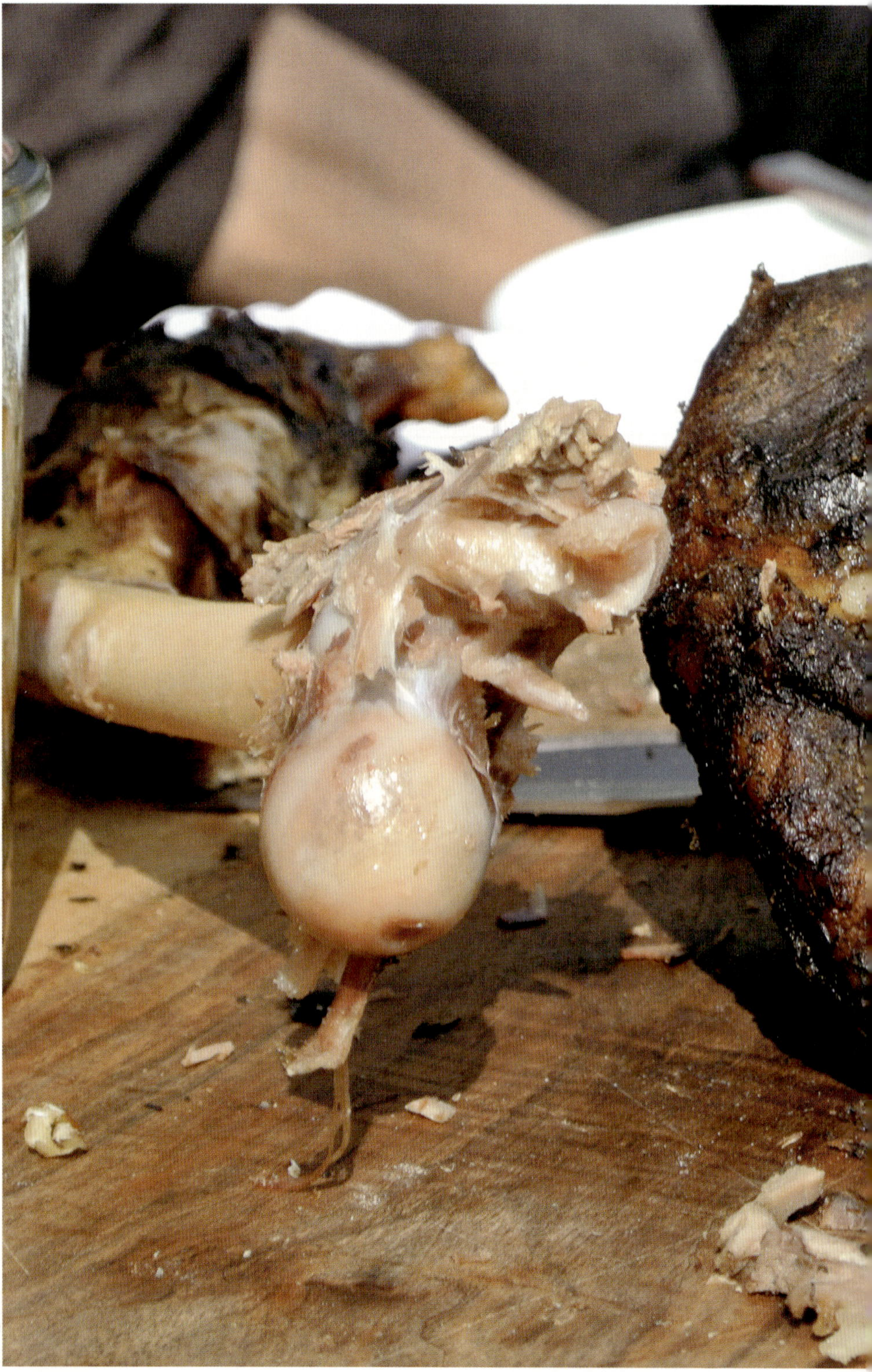

Keule im Koffer

Burg Stauf ist der richtige Ort, um die Geschichte vom „Helinchen“ laut vorzulesen

Vom verträumten Burgdorf Stauf zum Dornröschenreich sind es nur wenige Schritte – die Welt vor den Mauern ist schnell vergessen.

Der 16. November 1947 war ein Sonntag. An diesem Tag wurde ein Koffer vom Bodensee in die Pfalz geschickt. Per Eisenbahn. Als Gepäckstück „Nummer 143". Der Aufkleber von damals ist nie entfernt worden. In Sütterlinschrift steht dort: „Kehlen – Neustadt an der Haardt, über Offenbach". Es ist ein Holzkoffer, dennoch ist er überraschend leicht. „Was mag da 1947 drin gewesen sein?", fragen sich die drei Picknick-Liebhaber, als sie mit dem Koffer den Weg zur Burg Stauf hinaufsteigen.

Der Vorbesitzer hatte „Nummer 143" vor Jahren ausrangiert und in Neustadt auf den Sperrmüll gestellt; von dort landete das Gepäckstück bei Rolf im Keller. Was heute in den Holzkoffer gepackt wurde, wissen die drei nur zu genau: Blutwurst-Quiche mit grünem Spargel, eine kleine Erdbeerterrine mit Minze, eine Wildschwein-Keule – kalt und mit drei Saucen.

Ein richtiges Burgessen! Glaubt man den Chronisten, ist Stauf die älteste urkundlich bezeugte Salierburg der Pfalz. Sie liegt auf einem Bergkegel hoch über dem Eistal bei Ramsen im Donnersbergkreis. Im Bauernkrieg wurde die Anlage 1525 erstürmt, zerstört, abgebrannt. Heimatforscher beklagen, dass auch später mit der Burg nicht zimperlich umgegangen wurde: Die Ruine war ein willkommener Steinbruch, trotz Denkmalschutzes wurden noch um 1960 Gewölbe eingeschlagen und mit Bauschutt verfüllt. Den Brunnen im Bereich der Hochburg hat man 1934 verschlossen, auf dem Plateau errichtete der Reichsarbeitsdienst kurz darauf eine Thingstätte.

Heute weht dort oben die Fahne des Eisenberger Ortsteils Stauf. Ein Förderverein bemüht sich seit einigen Jahren darum, den Zerfall aufzuhalten. Der Weg von der Dorfmitte zur Burg ist kurz. Und doch geschieht auf dem Pfad Erstaunliches: Schon nach wenigen Schritten wähnt man sich im Dornröschenreich. Ein verfallener Schweinestall, alte Eichen, zugewucherte Mauern, die alte Thingstätte präsentiert sich als grünes Atrium. So schnell gelangt man in der Pfalz selten aus der Zivilisation mitten ins Zauberland. „Als ob man in eine andere Welt eintaucht", sagt Hedwig. Es ist ein Platz, der Störendes ausblendet. Auch den hohen Mobilfunk-Sendemast, der seit 2010 die Dorfansicht von Stauf etwas verschandelt. Hier im Dornröschenreich ist davon nichts zu sehen. Auf den äußeren Wall hat der Förderverein zwei Bänke und einen Tisch gesetzt – die Aussicht ist intensiv wie ein ofenfrischer Streuselkuchen. Also grandios. Die gelben Rapsfelder ziehen sich in einem großen S von Ramsen bis an den Fuß des Burgbergs. Das Panorama reicht von der Rheinebene bis zum Eiswoog. Zeit, den Koffer auszupacken.

Hedwig hat die Wildschwein-Keule am Vortag gegart. Fast drei Stunden lang. Dazu gibt es eine Apfelsauce, ein Zwiebel-Muskateller-Confit, eine Knoblauch-Aioli. „Nur zwei Drittel Olivenöl und dafür ein Drittel Rapsöl – sonst wird sie zu bitter", verrät Hedwig ihren Aioli-Trick. Das große Rapsfelder-S im Eistal scheint plötzlich noch etwas gelber zu leuchten. Die Quiche ist Rainers Kreation. Die Kombination von grünem Spargel mit der Blutwurst war eigentlich eine Resteverwertung, aber sie verdient drei Sterne. „Göttlich", sagt Hedwig.

Da braut sich offensichtlich etwas zusammen: Rolf liest die alte Schauergeschichte vom „Helinchen" vor, Rainer und Hedwig lauschen gebannt.

Und Rainer, einem kritischen Blick ansonsten nicht abgeneigt, lobt: „Eine geniale Entdeckung, die Blutwurst kommt richtig gut."

„Zeit für eine Geschichte", ruft Rolf. Für eine sehr alte Geschichte. Die vom „Helinchen", einer Bauerstochter aus Kerzenheim. Das ist fast ein Nachbarort von Stauf. Rudolf Ludwig, von 1925 bis 1938 erster hauptberuflicher Bürgermeister von Eisenberg, hat die Sage nacherzählt und vor etwa 80 Jahren aufgeschrieben. Es ist eine Geschichte von Habgier und Kälte, von Liebe und Herzeleid, von Blut und Tod. Und es gibt wohl keinen besseren Ort als diese Burg, um sie vorzulesen. Denn dort oben beginnt die Erzählung, der Graf von Stauf spielt darin eine eher unritterliche Rolle. Das Helinchen liebt Anselm, den Oberjäger des Burgherrn. „Helinchen, mein Mädchen! Mein Gott, wenn man uns sieht ...", liest Rolf vor. Doch die Eltern wollen die Tochter mit dem Sohn eines reichen Bauern in der Nachbarschaft verheiraten. Der Graf ist behilflich, er verbannt Anselm in eine einsame Klause. Als Helinchens Vater und der Graf das bereden, heißt es in der Geschichte: „Sie saßen bei kräftigem Imbiss in der Staatsstube und ließen sich den besten Bockenheimer dazu munden."

Ungewöhnlicher Picknick-Koffer – ein Gepäckstück mit einer langen Geschichte.

„Was das wohl für ein Wein war?", fragt Rainer dazwischen. Bockenheim liegt ein Stück weiter vorne an der Weinstraße. Die Lagen des Ortes sind rasch aufgezählt: Vogelsang, Schlossberg, Grafenstück, Heiligenkirche, von der Mauer, Burggarten, Klosterschaffnerei, Goldgrube. Welche der Herr Graf wohl bevorzugt hat? „Wahrscheinlich die Goldgrube", sagt Hedwig. Ganz bestimmt. Denn es ist ja eine Geschichte von Raffsucht und Geiz, von der Gier nach Land und Talern.

Zu diesem Picknick gehören Burgatmosphäre, Eichenblätterrauschen und eine Wildschweinkeule. Und eine vorausschauende Vorbereitung: Kein Wunder deshalb, dass Gepäckstück „Nummer 143“ auch eine „2009er Riesling Auslese Bockenheimer Goldgrube“ parat hält. Der Rest entzieht sich freilich aller Vorausschau. Von Ramsen schiebt sich eine dunkle Wolkenwand heran. Die drei Picknick-Freunde bekommen davon noch nichts mit. Die Geschichte hat sie gepackt: Helinchen stirbt vor Kummer und am Verrat ihrer Eltern, Anselm wird vom Wilderer gemeuchelt. Als die Leichenträger das Mädchen bestatten wollen, da geschieht es: „Ein helles, irres

INFO

HINKOMMEN

Stauf ist ein Ortsteil von Eisenberg (Donnersbergkreis). Der schönste Anfahrtsweg hinauf in den Ort ist das Sträßchen, das in Ramsen abzweigt (Richtung Friedhof). Der geteerte Weg führt durch Felder und in zwei Serpentinen an Pferden und Schafen vorbei hoch nach Stauf. Von der Dorfmitte gelangt man ab dem Brunnen über einen kurzen Fußweg zur Burg. Mehr zur Burg: www.hist-verein-rosenthal.de.

Seit einigen Jahren führt auch ein Jakobs-Pilgerweg direkt an der Burg vorbei: Von Worms kommend geht der Pilgerweg durchs Zellertal und endete früher in Standenbühl. Jetzt gibt es eine Fortsetzung, die ab Göllheim in Richtung Kloster Rosenthal verläuft und weiter über Stauf, Ramsen, Eiswoog nach Alsenborn führt. Hinter Kaiserslautern trifft der Weg auf die Nordroute des Jakob-Pilgerweges, der nach Hornbach führt. Der Weg ist mit der bekannten Jakobsmuschel gekennzeichnet. Internet: www.vg-eisenberg.de („Tourismus“, „Flyer“, „Jakobsweg Klosterroute“), www.jakobsweg-pfalz.de.

DER PLATZ

Tisch und Bänke, weitere Sitzgelegenheiten im Atrium, Papierkorb.

Lachen flatterte gellend über das Volk: Helinchen, wahrhaftig, Helinchen stand hinterm vergitterten Fenster und lachte! Lachte Grauen und Entsetzen ins Mark seines Leichengefolges“, liest Rolf vor.

Die ersten dicken Regentropfen klatschen auf den Burgberg. Das Zauberland zerfließt. Der Wind zerrt am Rest der Burgfahne, ein früherer Sturm hat ihr schon ein größeres Stück Stoff entrissen. „Nummer 143“ ist der richtige Picknickkoffer für einen überstürzten Aufbruch. Hier muss nichts umständlich einsortiert werden, in das alte Gepäckstück lässt sich schnell alles hineinschieben. Auch der Rest einer Keule.

BUS
Von Eisenberg mit der Linie 920 beziehungsweise mit dem Ruftaxi (Linie 4915). Internet: www.vrn.de.

KARTE
Naturpark Pfälzerwald, Bl. 2, Grünstadt und Stumpfwald mit Leiningerland, ISBN 978-3-89637-398-4.

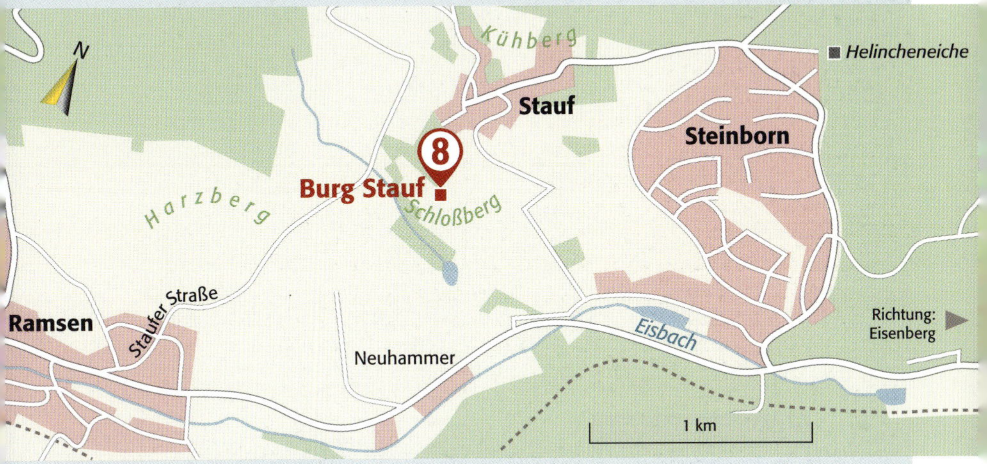

Saumagen aus der Mittelalter-Küche

Am 11. November 1417 wurde auf dem Konzil von Konstanz ein neuer Papst bestimmt: Martin V. Mit seiner Wahl endete das seit 1378 andauernde abendländische Schisma. Während dieser Phase der Kirchenspaltung hatten zeitweise drei Päpste gleichzeitig den Anspruch erhoben, das legitime Oberhaupt der katholischen Kirche zu sein. Martin V. blieb noch bis Mai 1418 in Konstanz. Erst 1420 konnte er in Rom einziehen und mit dem Wiederaufbau der heruntergekommenen Stadt und des ebenso maroden Kirchenstaats beginnen.

Der nach Rom zurückgekehrte päpstliche Hof wollte wieder zum Mittelpunkt der Welt werden, auch in kulinarischer Hinsicht. Wie ein Pfälzer Koch und Kleriker daran mitwirkte, hat der Edenkobener Heimatforscher Franz Schmidt detailliert recherchiert. Am 1. Dezember 1417, also nur wenige Wochen nach der Papstwahl, war ein Johannes Bockenheym – eigentlich hieß er Herbordi – noch in Konstanz zum Koch des apostolischen Palastes bestellt und sogleich vereidigt worden. Herbordi habe wohl aus dem an der heutigen Weinstraße gelegenen Dorf Bockenheim gestammt und sei „Clericus Wormatiensis“, also Kleriker der Diözese Worms, gewesen, berichtet Schmidt in einem Beitrag für die „Pfälzer Heimat“, der Zeitschrift der Pfälzischen Gesellschaft zur Förderung der Wissenschaften.

Johannes Herbordi bezeichnete sich selbst als „Koch des Herrn Papst Martin V.“. Doch für Schmidt steht fest, dass der Pfälzer nicht der Leibkoch des Kirchenoberhauptes war, sondern in der allgemeinen Küche wirkte und so für das Wohl des Hofstaats und der Gäste zuständig war. Aber gerade dort waren Küchenmeister mit hohem Können gefragt. Der Edenkobener Historiker erklärt dies so: Den Päpsten sei schließlich daran gelegen gewesen, die Ausstrahlung ihres Hofes zu steigern. Auch die hohe Qualität der Küche sollte den Kardinälen, hohen Prälaten und königlichen Botschaftern zeigen, wie gut es um das päpstliche Haus bestellt war.

Dass ein kirchlicher Amtsträger sich als Koch verdingte, war sicher ungewöhnlich. Was und wie Johannes Herbordi kochte, kann man nachlesen: Denn der Bockenheimer hat ein Rezeptbuch verfasst. Sein „Registrum coquine" ist wohl um das Jahr 1431 entstanden, es ist in zwei Handschriften überliefert. Die eine befindet sich heute in einer Spezialbibliothek in Lugano, die andere in der französischen Nationalbibliothek in Paris. Franz Schmidt hat sie beide in den Händen gehalten und studiert: Im Unterschied zu den meisten Kochbüchern des 15. Jahrhunderts, die bereits in der jeweiligen Volkssprache geschrieben seien, habe Herbordi das Registrum noch lateinisch verfasst. „Allerdings in einem etwas unbeholfenen Latein, das man getrost als Küchenlatein bezeichnen darf", meint der Heimatforscher.

Das Registrum, das 1988 von dem französischen Historiker Bruno Laurioux entdeckt und veröffentlicht worden war, enthält 74 Rezepte. Darunter sind verschiedene Suppen, Fleisch- und Fischgerichte samt den passenden Saucen. Es gibt aber auch Fastenspeisen sowie zum Abschluss ein Apfelkuchenrezept. Aus pfälzischer Sicht am bemerkenswertesten ist jedoch Rezept Nr. 21: Stomachus porci – also gefüllter Schweinemagen. Franz Schmidt: „Ich vermeide bewusst den Ausdruck Saumagen, denn damit hat dieses Gericht wenig gemein, kannte das 15. Jahrhundert doch noch keine Kartoffeln."

Und so lautet Herbordis Anweisung für den mittelalterlichen Saumagen-Vorläufer:

„Nimm den Magen eines Schweins und reinige ihn sorgfältig mit Salz und Wasser. Dann nimm geriebenen Käse, Petersilie, Majoran und andere Gewürze und zerstoße sie zusammen. Danach nimm hartgekochte Eier in einer geeigneten Menge und mache sie mit Safran, Agrest und anderen Gewürzen zurecht, gib sie dazu und vermische sie gut."

Während Laurioux vermutet, dass Herbordi Konstanz, den Ort des Konzils am Bodensee, nie verlassen hat, ist Schmidt davon überzeugt, dass der Bockenheimer auch danach in Rom in der Papstküche am Herd stand. Entsprechende Hinweise hat er bei seinen Nachforschungen in den

Archiven des Vatikans gefunden. Ob der mit Eiern und Käse gefüllte Schweinemagen jedoch tatsächlich bei Papst Martin V. und seinen Gästen auf den Tisch kam, darüber kann nur spekuliert werden. Denn aus dieser Zeit existieren noch keine Rechnungsbücher des päpstlichen Haushalts.

Wer etwas aus Herbordis „Registrum coquine" nachkochen möchte, braucht etwas Erfahrung: Denn es gibt in dem Büchlein weder Angaben zu Mengen noch zu Kochzeiten. Der Koch eines Landgasthofs in Bockenheim hat sich vor einiger Zeit an den Mittelalter-Saumagen herangetraut: „Es gehört schon ein bisschen Feeling dazu, das ist eine Sache für sich", meint er. Allein wegen seiner Zutaten – Käse und Eier statt Fleisch und Kartoffeln – wird der Stomachus porci wohl nicht jedermanns Geschmack sein. Franz Schmidt vermutet, dass der Papstkoch im Original geräucherten Mozzarella genommen hat. Der Agrest, der darunter gemischt wurde, ist eine Art Essigersatz – ein Saft aus Wildobst, Granatäpfeln oder Zitrusfrüchten. Beim Internationalen Saumagenwettbewerb, den die Südpfälzer Fleischer-Innung seit 2002 alle zwei Jahre in Landau veranstaltet, wäre der Stomachus porci sicher preiswürdig. Denn dort wurden auch schon andere exotische Varianten aufgetischt: beispielsweise Saumagen als Schokopraline oder Fischpastete.

Info

„Pfälzer Heimat" wird von der Pfälzischen Gesellschaft zur Förderung der Wissenschaft herausgegeben: Domplatz 4, 67346 Speyer, Telefon: 06232/132523, Internet: www.pfaelzische-gesellschaft.de.

Das „Registrum coquine" des Johannes von Bockenheim: http://geb.uni-giessen.de/geb/volltexte/2013/9337/

Internationaler Saumagenwettbewerb der Fleischerinnung Südliche Weinstraße-Landau-Germersheim: www.saumagenwettbewerb.de.

Die Helincheneiche

Diese 500 Jahre alte Drillingseiche ist etwa zwölf Meter hoch. Sie steht am nordöstlichen Ortsrand von Steinborn, dem Nachbarort von Stauf. An einer Bushaltestelle führt die Straße „An der Helincheneiche" zu dem Baum. Er wurde 1972 zum Naturdenkmal erklärt. Seinen Namen erhielt der Baum angeblich nach dem Helinchen, der Hauptfigur einer Erzählung, die auch auf Burg Stauf spielt. Die Bauerstochter und der von ihr geliebte Oberjäger Anselm trafen sich nachts heimlich an der Eiche. In der Erzählung heißt es: „Zwei Schatten wurden einer und mütterlich breitete die Eiche über das Glück der Liebenden ihren dunklen Mantel der Heimlichkeit." Doch der Graf verbannt seinen Jäger, die Eltern wollen Helinchen mit dem Sohn eines reichen Bauern verheiraten. Helinchen stirbt vor Liebeskummer, Anselm wird von einem Wilderer erschossen. Nach der Sage sollen Helinchen und Anselm in Vollmondnächten unter der Helincheneiche zu sehen sein.

Sagenhaft: Rund 500 Jahre ist diese Eiche bei Steinborn alt.

Info

Helinchen-Geschichte: www.vg-eisenberg.de („Sehenswürdigkeiten").

Blutwurst-Quiche

Teig:
300 g Mehl
150 g Butter
2 Eier
Salz

Füllung:
3 Eier
250 ml Sahne
Salz
Muskat

Belag:
In Scheiben geschnittene, frische, ungeräucherte Blutwurst
1 Bund grüner Spargel

❶ Den Teig 10 Minuten vorbacken (siehe Quichezubereitung in Folge 3 „Mokka mit Minerva").
❷ Den Spargel vorkochen (in Salz-Zucker-Wasser), in 2 cm große Stücke schneiden.
❸ Den vorgebackenen Quicheteig mit Blutwurstscheiben und Spargelstücken belegen.
❹ Das Ei-Sahne-Gemisch (siehe Folge 3) darübergeben.
Bei 175 Grad (Umluft) 20 bis 25 Minuten backen.

Wildschwein-Keule

1 Wildschwein-Keule
Lauch
Sellerie
Karotten
Zwiebeln
4 Lorbeerblätter
frischer Rosmarin und Thymian
1 TL zerstoßene schwarze Pfefferkörner
1 TL zerstoßene Wacholderbeeren
1 TL zerstoßene Pimentkörner
mehrere Knoblauchzehen
Rotwein

❶ Wildschwein-Keule mit Salz und Pfeffer einreiben.
❷ Gemüsebett zubereiten: Dazu Lauch, Sellerie, Karotten und Zwiebeln in einer Pfanne andünsten, mit Rotwein ablöschen. Lorbeerblätter, Rosmarin- und Thymianzweige dazugeben. Mit Pfeffer, Wachholder, Piment, den Knoblauchzehen und etwas Salz würzen.
❸ Gemüsebett auf ein Backblech geben. Die Wildschwein-Keule daraufsetzen. Im Backofen bei 180 Grad (Ober- und Unterhitze) 2,5 bis 3 Stunden garen.

Zwiebel-Muskateller-Confit

500 g Zwiebelringe
3 EL Olivenöl
100 ml Muskateller
100 g Rosinen
Saft von zwei Zitronen
2 EL Zucker
Salz, Pfeffer
Prise Zimt

❶ Zwiebelringe glasig dünsten, sie dürfen nicht braun werden. 2/3 des Zitronensaftes, Zucker, den Wein, etwas Salz, die Rosinen und reichlich gemahlenen Pfeffer dazugeben. So lange schmoren und einkochen lassen, bis die Zwiebeln nahezu zerfallen sind. Der Zucker soll dabei leicht karamellisieren.
❷ Mit Salz, Pfeffer, dem restlichen Zitronensaft und Zimt abschmecken.
❸ In ein Einmachglas füllen und fest verschließen. Im Kühlschrank aufbewahren.

Ganz Ohr

Mit selbst gebackenem Brot und
frischen Dips zum Kranzwoog bei Dahn

Da hat die Natur den Teppich ausgerollt: Die 26 Kilometer lange Seerosen-Tour um Dahn führt am Kranzwoog aber kurioserweise nicht vorbei.

Onkel Ottos altes Hörrohr ist wie eine Lupe: Es vergrößert. Keine Buchstaben, sondern Klänge, Geräusche, Worte. Hier am Kranzwoog, einem abgelegenen Weiher im Dahner Felsenland, verstärkt das Hörrohr eine bunte Naturmusik. Das Sirren der Libellen, das Knistern der Seerosenblätter, das leichte Kräuseln des Wassers. Onkel Ottos altes Hörrohr saugt alles auf. Der Apparat aus Blech stammt aus einer Zeit, als es noch keine elektronischen Hörgeräte gab. Onkel Otto war Jahrgang 1876 – fast fünf Jahrzehnte wirkte er als Lehrer und Schulrektor in Kaiserslautern. Ein geschätzter Musik- und Menschenfreund, der Chöre leitete und im Streichquartett die Bratsche spielte. Gerne reimte er, vertonte Texte und komponierte eine Kantate über seine Maxime „Freut euch des Lebens". Zu der Zeit, als ihn die Familie Onkel Otto nannte, war er schon ein alter Mann. Immer noch musikalisch, immer noch mit Spaß an Versen. So saß er in seiner Wohnung in der

Kaiserslauterer Königstraße auf dem ausladenden Sofa und folgte den Gesprächen. Das Hörrohr am Ohr.

Als Otto Umlauf 1963 starb, bewahrte ein Familienmitglied das Hörrohr auf – als ein etwas kurioses Erinnerungsstück. Es ging durch manche Hände, lange Zeit lag es unbeachtet in einer Schublade. Es für dieses Picknick mitzunehmen, war Rolfs Idee: „Andere haben ihr Fernglas dabei, ich mein Hörrohr." Es ist wie ein Blechblasinstrument gearbeitet, man kann Rohr und Trichter zusammenschieben. Ziemlich praktisch.

Ein Ort für alle Sinne – sehen, riechen, schmecken, tasten und hören.

Der Kranzwoog liegt weit hinten im Moosbachtal, schon auf dem Weg dorthin entfernt man sich rasch aus dem Alltag. Kein Verkehrslärm, kein Geplapper. Auf dem Weiher schwimmt ein Teppich aus Hunderten von weißen Seerosen. Wer zum Kranzwoog kommt, taucht ein in ein kleines Märchenreich. Schneeweißchen ist hier überall, Rosenrot fehlt heute. Oder doch nicht?

Am Ufer stehen drei Bänke, eine hat sogar ein Fußbänkchen. Bequem und seniorengerecht. Da hätte auch Onkel Otto sitzen können. Eine mächtige Roteiche spendet viel Schatten für die Picknickgesellschaft. An diesem Platz breitet man gerne eine Decke aus.

Hedwig hat sich von einer der Seerosen-Legenden inspirieren lassen. In Notzeiten, so heißt es, wurden einst die Wurzeln oder auch die Samen von Seerosen zu Mehl verarbeitet, das zum Brotbacken verwendet wurde. Deshalb haben die drei Picknicker diesmal ihr Brot selbst gemacht: Allerdings mit Roggen- statt mit Seerosenwurzel-Mehl. Ein Sauerteigbrot.

Die Decke unter der Eiche wird mit dem Auspacken der Rucksäcke zum Tisch: ein Glas Linsen-Humus, ein Topf

Wie gemalt: Rainer, Hedwig und Rolf entspannen am Ufer des Kranzwoogs – eine Roteiche spendet an heißen Sommertagen Schatten.

Grillgemüse-Salsa, ein Schälchen Aprikosen-Ziegenkäse-Dip. Besonders raffiniert ist Hedwigs Erdbeer-Tatar: eine frische Creme mit Holunderblütensirup, gerösteten Pinienkernen und viel Minze. Rainer hat sich mit einer Leberwurst wieder einmal selbst übertroffen: „Das war eine Mordsarbeit, du kannst dir so viel Mühe geben, wie du willst, du bekommst die Sehnen nicht alle raus." Irgendwie hat er es doch geschafft. Eine feine Note hat diese selbst gemachte Leberwurst, eine Spur Zimt und nicht zu knapp Ingwer. Serviert wird sie aus einem alten Marmeladenglas, darin hatte Rainer die Masse am Tag zuvor im Wasserbad 90 Minuten ziehen lassen.

Zwischen der Derbheit mancher Pfälzer Hausmacher und Rainers feinsinniger Leberwurst liegen Welten. Ihr Geschmack passt perfekt zur Zartheit der Moosbach-Landschaft. Rund um den Woog erscheint alles heiter, lebensfroh, warmherzig. „Freut euch des Lebens" – das wäre ein schöner Platz gewesen, um Onkel Ottos Kantate zum Klingen zu bringen. Nur das Wasser des Woogs schimmert blauschwarz. Unergründlich.

Gut mit dem Fahrrad zu erkunden: das Moosbachtal bei Dahn.

Das Tal ist Naturschutzgebiet. Über 35 verschiedene Libellenarten gibt es dort. Darunter die Blaugrüne Mosaikjungfer. Der Bach entspringt etwas oberhalb am Kaletschkopf, zwängt sich dann den Hang hinunter und verweilt in mehreren Teichen. Fast schon logisch: Der Kranzwoog ist ein netzfreier Ort. Kein Handyempfang. Abgeschieden, für die Außenwelt unerreichbar. „Wie schön", sagt Rainer.

Hier kann man den Nachmittag verdösen. Und sich Seerosen-Mythen erzählen. Seerosensamen sollen Mönchen geholfen haben, ihr Keuschheitsgelübde einzuhalten. Schon römische Gelehrte waren von der liebestötenden Wirkung dieser Pflanze überzeugt. Sie soll vor lüsternen Träumen schützen. Die Seerosen auf dem Kranzwoog liegen unschuldig auf dem Wasser. Plötzlich aber ist es vorbei mit der idyllischen Ruhe. Frösche! Wie auf ein geheimes Kommando prusten sie los. Das ist keine sanfte Kantate. Rolf legt das Hörrohr beiseite, es ist genau 15 Uhr.

Schon fünf Minuten später ist es mit dem Gequake wieder vorbei. Kann man nach den Kranzwoog-Fröschen die Uhr stellen? Wer das herausfinden will, muss sich Zeit lassen.

Der Nachtisch wartet: Pastéis de Belém. Kleine Blätterteigtörtchen, die mit einer Vanillecreme gefüllt sind. Erfunden haben sie angeblich vor über 300 Jahren die Mönche des Hieronymus-Klosters in Belém, das heute ein Stadtteil von Lissabon ist. „Ich kann mir nicht vorstellen, dass die damals so etwas mit Seerosen-Mehl gebacken haben", sagt Rolf. Pastéis de Belém duften betörend und schmecken noch betörender.

Man muss davon einfach mehr als eins essen. Rainer staunt, als er hört, dass der Blätterteig selbst gemacht ist. „Das ist doch ein Riesenumstand“, sagt ausgerechnet er, der sich klaglos durch das Sehnenentfernen bei 150 Gramm Rinderleber gearbeitet hat. Rolf verrät den Trick: „Das ist ein französischer Blitz-Blätterteig, du musst kleine Würfel tief gefrorene Butter in das Mehl einarbeiten, es dauert gar nicht so lange.“

Die drei lehnen am Stamm der Roteiche und blicken durch die gelben Wasserlilien hinaus auf den Kranzwoog. Ein Ort mit Nachklang und langem Echo. „Ich fühle mich wie in ei-

INFO

HINKOMMEN

Von der B 427 zwischen Hinterweidenthal und Dahn abbiegen Richtung Neudahner Weiher, Dahner PWV-Hütte. Das Moosbachtal beginnt am Campingplatz. Mit dem Zug: Bundenthaler und Felsenland-Express bis Haltestelle Moosbachtal. Die Ausflugszüge verkehren von Mai bis Oktober in der Regel mittwochs, samstags und an Sonn- und Feiertagen. Internet: www.der-takt.de („Ideen für die Freizeit“, „Ausflugszüge“) oder www.kvv.de („Freizeit“, „Freizeitbahnen“). Alternative: Bahnhof Hinterweidental.

MIT DEM RAD

Von der Haltestelle Moosbachtal (bei Start ab Hinterweidental zunächst Fahrt auf dem Pamina-Radweg Lautertal) ist der Kranzwoog mit dem Rad gut zu erreichen (ca. fünf Kilometer). Dazu zunächst der Straße ins Tal folgen. Es geht vorbei an Campingplatz und Neudahner Weiher, dann lässt man den Abzweig zur Dahner PWV-Hütte und später einen Holzlagerplatz links liegen. Nach ca. 4,3 km kommt man an eine Gabelung (keine Markierung, keine Ausschilderung), dort die ansteigende Straße verlassen und den linken Ast, einen unbefestigten Forstweg (Schild „Naturschutzgebiet“), nehmen. Nach 500 Metern liegt links der Kranzwoog.

ZU FUSS

Den Bahnsteig an der Haltestelle Moosbachtal nach links Richtung „Dahner PWV-Hütte“ verlassen. Nach 30 Metern rechts in den Waldweg ab-

nem Bild“, sagt Hedwig plötzlich. Fragende Blicke. „Ja, als könnte man auf ein Bild schauen, in dem man schon selbst drin ist“, erklärt sie. Am Kranzwoog verschwimmen Zeit und Raum. Wer an solch einem Sommertag hier sitzt, will nicht nach Hause. Auch dann nicht, wenn die Seerosen genug Sonne getankt haben und schon lange vor dem Abend die Blüten schließen. Aug' und Ohr der drei Freunde bleiben geöffnet – für die nächste Natursymphonie, die nächste Kantate. „Freut euch des Lebens ...“

biegen, zunächst Weg Nummer 4, dann Nummer 16; es geht immer auf der Ostseite des Moosbachs entlang. Kurz vor der Dahner PWV-Hütte auf den Weg 12 wechseln und südwestwärts ins Tal wandern. Nummer 12 führt direkt am Kranzwoog vorbei. Alternative Beschreibung: www.wanderportal-pfalz.de („Rundwanderweg 5“).

DER PLATZ
Drei Bänke, kleine Liegewiese. Am Südwestende des Kranzwoogs liegt die Moosbachtalhütte, bei Regen ein guter Unterstand.

KARTE
Naturpark Pfälzerwald, Bl. 7, Westlicher Wasgau mit Dahn, ISBN 978-3-89637-403-5. Detaillierter und mit Angaben zu den örtlichen Wanderwegen im Moosbachtal: Dahner Felsenland, Pietruska-Verlag, ISBN: 978-3-934895-87-4.

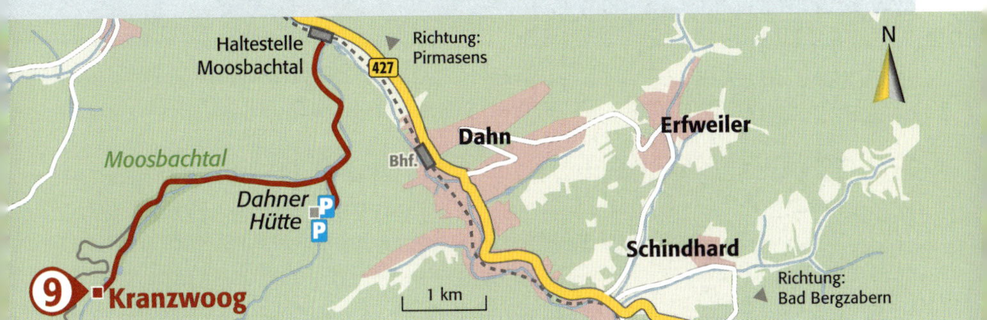

Wie klingt Wassermusik?

Das Gluckern eines Baches, das Plätschern eines Sees oder das Rauschen des Meeres hören sich für manche Naturliebhaber wie Musik an. Aber hat umgekehrt diese „Wassermusik" auch Komponisten inspiriert? Musikexperte Fritz Burkhardt, der das in Neustadt/Wstr. ansässige Kammerorchester „ensemble 1800" leitet, gibt Antworten.

Rauschen, plätschern, gluckern – ist das auch etwas fürs Orchester?

Klar, Wasser hat die Komponisten von jeher fasziniert, denken Sie nur an die Moldau von Smetana oder das Regentropfenprélude von Chopin oder Händels Wassermusik. Besonders eindrucksvoll ist „La mer" von Claude Debussy, eine große sinfonische Dichtung. Eine musikalische Performance, die das Wasser in allen Facetten vorführt, ist der „Water Walk" von und mit John Cage (gibt es auch auf YouTube!).

Manchmal erinnert ja schon der Name des Komponisten an Gewässer, wie beispielsweise bei Bach.

„Nicht Bach, sondern Meer sollte er heißen, wegen seines unendlichen, unerschöpflichen Reichtums an Tonkombinationen und Harmonien" – so sagte Beethoven von Bach. Und dieser nannte seinen Lieblingsschüler Johann Ludwig Krebs „den einzigen Krebs in meinem Bache".

Welche Tonart bevorzugt das Wasser?

Häufig schöne weiche b-Tonarten wie F-Dur oder B-Dur (zum Beispiel die Szene am Bach in Beethovens Pastoralsinfonie). Mendelssohn schreibt sein Venetianisches Gondellied in fis-Moll; vielleicht erinnert ja der Ton Fis an den Fis-ch als Wasserbewohner?

Was ist denn für Sie die schönste Naturmusik in der Pfalz?

Das Rauschen der Wipfel auf dem Gipfel der Hohen Loog bei

Dirigierte bisher rund 100 Konzerte des „ensemble 1800“: Fritz Burkhardt. Im Hauptberuf leitet er ein Gymnasium in Ludwigshafen.

Neustadt. Wenn sich das Orchester nach den rauschenden Läufen und süß plätschernden Melodien des Silvesterkonzerts an Neujahr da oben versammelt, kann es aber auch schon mal gluckern.

Info

Das „ensemble 1800“ besteht seit 1989. Sein Anspruch: Aufführung der Musik aus der Zeit um das Jahr 1800 auf höchstem Niveau. Jährlich mehrere Konzerte, darunter traditionell das Silvestkonzert in Neustadt-Hambach. Internet: www.ensemble1800.de.
Hohe-Loog-Hütte: www.pwv-hambach.de.

Pastéis de Belém

Blitz-Blätterteig (für etwa 20 Törtchen):
250 g Mehl
5 g Salz
125 g kaltes Wasser
200 g Butter, in kleine Würfel geschnitten und tiefgefroren

❶ Die tiefgefrorenen Butterwürfel (ca. 1 cm Kantenlänge) vorsichtig mit dem Mehl mischen, sodass die Würfel ihre Form behalten.
❷ In der Teigmischung eine Vertiefung bilden. Wasser und das Salz in die Vertiefung geben. Das Ganze vorsichtig durchkneten. Dabei darauf achten, dass die Butterwürfel weitgehend erhalten bleiben.

❸ Die Masse zu einem Rechteck von ca. 40 cm Kantenlänge ausrollen. Den Teig von außen nach innen wie einen Briefumschlag falten und erneut ausrollen. Diese Prozedur viermal wiederholen.
❹ Den Teig 30 Minuten ruhen lassen. Dann kann er verwendet werden. Dazu auf eine Stärke von 3 bis 4 mm ausrollen. Kreise (etwa 10 cm Durchmesser) ausstechen. Kleine Tarte-Förmchen oder Muffin-Förmchen damit auslegen, andrücken und kalt stellen.

Vanille-Creme:
½ Liter Milch
100 g Zucker
40 g Vanillezucker (kein Vanillin), am besten selbst herstellen
1 EL Mehl
1 EL Puddingpulver (Vanillegeschmack)
1 TL Butter
1 Prise Salz
Mark einer Vanilleschote
1 Ei
5 Eigelb

❶ Butter und Milch aufkochen. Mehl, Puddingpulver, Zucker und Salz hinzufügen und kräftig unter die Milch rühren. Erneut aufkochen und Topf dann vom Herd nehmen.
❷ Ei, Eigelbe und Vanillemark unter die Mischung rühren. Creme in die ausgelegten Tarte-Förmchen geben.
❸ Im vorgeheizten Backofen etwa 15 Minuten backen (Umluft: 250 Grad). Die Original-Pasteís-Förmchen aus Metall gibt es offenbar nur in Portugal (z.B.: www.qualityforma.pt). Am besten behilft man sich mit Muffin-Förmchen, die man nur zur Hälfte füllt.

Roggenbrot mit Sauerteig

Für den Grundsauerteig:
100 g Roggen, gemahlen
100 g Wasser (37 Grad)
½ Tasse angewärmte Butter oder Sauermilch

Die Masse gut mischen, in einen angewärmten Steingut- oder Porzellantopf geben, mit Tuch zubinden und warmstellen (nicht über Körpertemperatur). Am 2. Tag abends umrühren, wieder zudecken. Am 3. Tag abends 260 g Roggen, 140 g warmes Wasser mit dem Vorteig vermengen, zudecken und warm halten. Am Morgen des 4. Tages ist der Grundsauerteig fertig. Er kann in einem verschließbaren Glas im Kühlschrank wochenlang aufbewahrt werden.

Picknick 9

Für den Brotteig:

Vorteig: Am Vorabend 50 g Grundsauerteig, 350 g Roggen, 250 g warmes Wasser (37 Grad) gut vermengen, luftdicht verpacken, warm halten und 12 Stunden gehen lassen. Am Morgen muss der Vorteig eine gute Gärung zeigen, säuerlich riechen und Bläschenbildung haben. 50 g von diesem Vorteig in ein Glas mit Schraubdeckel geben und im Kühlschrank für das nächste Brot aufbewahren.

Hauptteig:
500 g Roggen
200 g Weizen
380 g warmes Wasser oder Buttermilch
20 g Meersalz
20 g Hefe
1 EL Quark
1 TL Kümmel, Koriander oder Fenchel

❶ Roggen und Weizen jeweils getrennt mit den Gewürzen mahlen. Wer keine Mühle besitzt: gemahlenes Mehl mit der höchsten Typenzahl verwenden.
❷ Hefe mit etwas Wasser (37 Grad) und etwas Weizenschrot anrühren und stehen lassen. Buttermilch unter ständigem Rühren auf 50 Grad erhitzen. Dann Buttermilch, Vorteig, Mehl, Salz und Quark miteinander vermengen. Wenn der Teig angeknetet ist, die Hefe dazugeben. 15 Minuten kneten.
❸ Dann den Teig zugedeckt 30 Minuten ruhen lassen. Nochmals gut durchkneten. Den Teig zum Brot formen, in ein Körbchen legen (Teigabschluss nach oben) und erneut 30 Minuten ruhen lassen.
❹ Brot auf ein gefettetes Blech stürzen, mit einer Gabel einstechen, mit Wasser bestreichen und 5 Minuten bei 300 Grad mit Dampf (Wassergefäß) backen. Dann Herd auf 220 Grad zurückschalten, Gefäß mit Wasser herausnehmen und Brot 40 bis 45 Minuten fertig backen. Das Brot muss hohl klingen, wenn man auf die Unterseite klopft.
Wer sich den Aufwand der Grundsauerteig-Herstellung sparen will: 1 Päckchen Vitam Original Sauerteig, 1 Päckchen Vitam getrocknete Back-Hefe.

Ingwer-Leberwurst

1,25 kg Schweinebauch
150 g Rinderleber
2 Äpfel, säuerlich
2 Zwiebeln

Für die Gewürzmischung nimmt man jeweils ca. einen Teelöffel:

Zucker
Pökelsalz (das im Pökelsalz enthaltene Nitrit verhindert, dass sich das Fleisch grau färbt, falls kein Pökelsalz zur Verfügung steht, normales Salz verwenden)
Muskatnuss
Koriander
Kümmel
Majoran
frischer Ingwer, sehr klein gehackt
dazu etwas Zimt und etwas Chili

❶ Den Schweinebauch mindestens 1,5 Stunden in der Brühe (3 Stück Lorbeerblatt, 2 Möhren, etwas Knollensellerie, 1 Zwiebel mit 3 Nelken) ziehen lassen. Dann den Schweinebauch durch den Fleischwolf drehen – mit dem gesamten Fett, aber ohne Knochen.
❷ Klein geschnittene Zwiebeln und Äpfel in der Schweinebauch-Brühe dünsten. Dann im Mixer pürieren.
❸ Die Leber klein schneiden, alle Sehnen entfernen und mit dem Zauberstab häckseln (das ist langwierig, da sich immer wieder Sehnen im Kopf des Zauberstabes festsetzen).
❹ Alles zusammen in eine Schüssel geben, die Würzmischung (eher kräftig abstimmen) dazugeben und gut durchrühren. Sollte die Konsistenz zu zäh sein, Brühe vom Schweinebauch dazugeben.
❺ Die Paste in Marmeladengläser abfüllen und im Wasserbad 90 Minuten bei ca. 80 bis 100 Grad (Umluft) ziehen lassen.

Raus aus der Vitrine

Tischleindeckdich im römischen Steinbruch „Kriemhildenstuhl" bei Bad Dürkheim

Ein Tischleindeckdich wie aus dem Bilderbuch – an den Wänden des „Kriemhildenstuhls" bei Bad Dürkheim finden sich zahlreiche Felszeichnungen. Nicht alle sind gleich auf Anhieb zu finden.

Bunte Bleikristallgläser waren offenbar einmal beliebte Hochzeitsgeschenke. Bei Oma, der Großtante oder der älteren Nachbarin stehen sie im Vitrinenschrank. In vielen Farben. Mit feinem Schliff. Ob je daraus getrunken wurde? Wohl nur selten, denn wer schlürft schon gerne Rotwein aus blauen oder giftgrünen Kelchen? Bleikristallgläser bleiben oft Ausstellungsstücke. Werden zu Erbstücken. Selbst auf feinen Tischdecken sind sie Fremdkörper.

Doch auf diesem Tisch hier funkeln die drei Gläser wie das pralle Leben. Der Tisch ist ein nackter Felsblock. Auf Pfälzer Stein verlieren Bleikristallgläser ihren Vitrinenmuff.

Der Felsentisch steht in dem römischen Steinbruch „Kriemhildenstuhl" oberhalb von Bad Dürkheim. „Wow, was für eine

Rund 10.000 Kubikmeter Felsquader haben römische Legionäre um das Jahr 200 herum in dem Steinbruch bei Bad Dürkheim gebrochen und von dort vermutlich nach Mainz gebracht.

Kulisse", ruft Hedwig, als die drei Picknick-Liebhaber dort ankommen. Steile Wände, harte Kanten, versetzte Plateaus. Der Weg ist kurz, aber ein großer Zeitsprung. Um 200 nach Christus haben römische Legionäre mit Schrothämmern und Setzkellen Blöcke aus der Felswand gestemmt.

Der „Kriemhildenstuhl" galt einmal als größter römischer Steinbruch nördlich der Alpen. Diesen Nimbus hat er allerdings nach neueren Forschungen eingebüßt. Rund 10.000 Kubikmeter wurden als Quader abtransportiert und vermutlich nach Mainz gebracht. Archäologen haben ausgerechnet: „Diese Menge reichte allenfalls zur Errichtung eines einzigen Baus, beispielsweise eines Tores." Der Felstisch fürs Picknick steht da, als hätten die Römer vergessen, ihn abzutransportieren. Es

Rätselhaftes Stillleben: Der Steinbruch ist seit dem Mittelalter bekannt und wurde daher fälschlicherweise mit der Sagenwelt des Nibelungenliedes in Verbindung gebracht. So kam er auch zu seinem Namen.

ist der ideale Platz für ein römisch angehauchtes Tischleindeckdich.

„Wisst ihr, womit die Römer am liebsten gewürzt haben?“, fragt Rainer. Keine Antwort – mehr als ein schwaches Echo von den hohen Felswänden kommt nicht zurück. „Mit Liquamen, dafür ließen sie Fischabfälle zusammen mit Salz in der Sonne gären“, meint er lachend. Hedwig und Rolf schnuppern vorsichtig an den zwei Saucen, die Rainer zu seiner Fleischterrine angerührt hat. Das Misstrauen ist unangebracht. Das eine ist eine nussige, süßsaure Kreation. Mit der perfekten Balance zwischen Zart- und Wildheit. Einfach fein. „Was ist da drin?“, will Rolf wissen. Rainer wiegelt ab: „Das verrate ich nicht, daran habe ich drei Stunden gearbeitet.“ Nur so viel gibt der

Mehrere Pferdedarstellungen aus der Zeit der Römer – plumpe wie elegante – sind noch gut erhalten. Wer dieses Bild im Sonnenschein sehen will, darf nicht zu spät an den „Kriemhildenstuhl" kommen.

Hobbykoch zunächst preis: Die Anregung stammt aus einem Kochbuch der Antike, der römische Feinschmecker Marcus Gavius Apicius soll dabei seine Finger im Spiel gehabt haben. Rainers zweite Sauce ist tatsächlich eine Fischtunke. Aus Sardellen, Chillipaste, braunem Zucker, Tomatenmark und Essig. Das passt überraschenderweise. Auch diese Sauce begleitet umschmeichelnd die Fleischterrine. Zeit für ein Lob und ein Prost. Das Bleikristall klingt – glasklar.

Der „Kriemhildenstuhl" ist nicht nur eine schöne Aussichtsterrasse hoch über der Stadt und eine berauschende Naturbühne für Karl-May-Phantasien. Der Steinbruch ist auch ein Bilder- und Lesebuch. Denn an vielen Stellen finden sich Felszeichnungen und Inschriften. Die Legionäre haben Anweisungen für den Betriebsablauf, Bezeichnungen von Militäreinheiten sowie Weihungen an Götter und den Kaiser hinterlassen: „Dem größten und besten Jupiter und Genius des Imperators Lucius Septimius Severus durch das Fähnlein der XXII. Legion, der getreuen und rechtschaffenen, geweiht." Kochrezepte wurden nicht in den Fels geritzt, schon gar nicht solche des Römers Marcus Gavius Apicius.

Unter den figürlichen Darstellungen sind mehrere Pferde. Anmutige wie plumpe. Dazu etliche Radzeichen. Sie gaben vermutlich den Anstoß dazu, dass die Nationalsozialisten in den 1930er-Jahren an diesem Ort große Ausgrabungen unternahmen. Sie vermuteten in dem Steinbruch eine altgermanische Kultstätte.

In den kleinen Tümpeln am Fuß der Steilwand wohnt die Gelbbauchunke, oben nisten vielleicht Turmfalken. „Schaut mal, das sieht tatsächlich wie ein Stuhl aus", sagt Hedwig. In der Tat kann man in der Mitte des Steinbruchs so etwas wie einen riesigen Felsthron erahnen. Doch es wäre eher ein Sitz für eine der stattlichen Walküren aus der Sagenwelt des Nibelungenlieds, weniger für eine zierliche Kriemhilde. Um den Steinbruch kümmert sich der Drachenfels-Club, ein Bad Dürkheimer Verschönerungsverein, der auch andere historische Stätten in der Umgebung betreut. Es ist eine liebevolle, exzellente Bau- und Landschaftspflege. Zu Recht erhielt der Club vor einigen Jahren den Bürgerpreis der Stiftung des Landkreises Bad Dürkheim.

Zum Finale kommt ein Pfälzer Kirschenplotzer auf den Sandsteintisch. Vier Meter weiter oben in der Wand schaut eines der Felspferdchen über die Picknicker hinweg. Ein Blick aus einer anderen, fernen Zeit. Das Trio packt zusammen. Auf dem Rückweg wird Rainer noch einmal bedrängt: „Was war denn nun in dieser Wahnsinnssauce drin?" Schritt für Schritt rückt er die Zutaten heraus: Pistazien, Rosinen, Korianderkörner, Apfelessig. Erst angeröstet, dann karamellisiert, dann in der Küchenhexe püriert. So kommen Wild- und Zartheit ins Gleichgewicht.

„Was für ein Tag", ruft Hedwig. Ja, was für ein Tag! Der „Kriemhildenstuhl" ist ein Ort, der Kopf und Seele vom Vitrinenmief befreit – nicht nur Bleikristallgläser.

INFO

HINKOMMEN

In Bad Dürkheim zweigt an der Ecke Sonnenwend-/Halsbergstraße ein Fuß- und Treppenweg Richtung „Kriemhildenstuhl" ab (ausgeschildert als „Römischer Steinbruch"). Etwa 700 Meter Anstieg, dabei im weiteren Verlauf der Markierung „Pfälzer Weinsteig" folgen. Der malerische Weg führt zunächst an der Schaeferwarte vorbei. Dieser Pavillon wurde 1929 zu Ehren von Karl Schaefer errichtet, der Winzer war lange Jahre Vorsitzender des Bad Dürkheimer Verschönerungsvereins Drachenfels-Club. Auch die Schaeferwarte ist ein idyllischer Rastplatz. Oberhalb des Pavillons die Abzweigung nach links zum Steinbruch nicht verpassen. Man passiert dann eine kleine Grotte, mit Bank und Tisch aus Stein. Ein kühler Platz selbst bei tropischer Hitze. Kurz darauf ist der Steinbruch erreicht.

DER PLATZ

Vor dem Steinbruch stehen mehrere Bänke und Tische, Liegewiese, Papierkorb. Oberhalb des Steinbruchs bietet eine Schutzhütte Zuflucht bei schlechtem Wetter.

KARTE

Naturpark Pfälzerwald, Bl. 4, Mittel- und Unterhaardt mit Bad Dürkheim, ISBN 978-3-89637-400-4.

BAHNHOF

Bad Dürkheim

Mehr über den Drachenfels-Club: www.drachenfelsclub.de.

Vom Prandium zum Picknick – eine Zeitreise

Wer sagt, ein Picknick sei in erster Linie „ein Essen mit Sandkörnern im Sandwich, Insekten im Getränk und komischen Blicken von Dritten“, der soll es lassen. Denn er wird ein Picknick auf jeden Fall schrecklich finden. Selbst wenn Sand und Ameisen auf Käsespieß oder Mohnschnitte kein Problem sind, kann ein Picknick trotzdem schief gehen. Beispielsweise weil dazu Leute eingeladen wurden, die sich partout nicht ins Gras oder aufs Mäuerchen setzen wollen. Das wird dann schnell ungemütlich, die Gespräche stocken und Standbeine verstellen die Aussicht.

Ein Picknick lebt von der Gemeinsamkeit, von der Freude an Natur, Landschaft und kleinen Leckereien. Ein Stück Freiheit ist es obendrein. Dies schon deshalb, weil man in der Regel eben den freien Himmel über sich hat und nicht die Decke von Küche oder Esszimmer. Zur Freiheit gehört auch, dass es keine feste Sitzordnung gibt und dass man am Ende entscheiden kann, ob man das Geschirr gleich im Bach abspülen möchte oder einfach schmutzig einpackt und mit nach Hause nimmt.

Bereits die alten Griechen speisten mit Freunden und der Familie gern gemeinsam im Freien, ebenso die Römer. Nur dass sie das noch nicht Picknick nannten. Eranos war im antiken Griechenland ein Freundschaftsmahl, zu dem die Teilnehmer alle etwas an Essen und Getränken mitbrachten. Gern gesehen waren aber auch geistige Gaben: ein Vortrag, ein Gedicht, ein Lied, ein philosophisches Streitgespräch. Als ein weiterer Vorläufer des Picknicks gilt das Prandium der Römer: das war deren zweites Frühstück beziehungsweise ein leichtes Mittagessen. Beim Prandium wurden häufig nur kalte Speisen gereicht; etwa Brot, Schinken, Pökelfleisch und Käse, Oliven und Früchte, Pilze und Eier. Also all das, was man heutzutage auch gerne in einen Picknick-Korb packen würde. Das mag auch der Grund sein, warum uns in kulturgeschichtlichen Betrachtungen das Prandium der Römer häufig aufgetischt wird, wenn nach den Wurzeln des Picknickens gesucht wird. Mit Muße und Genuss hatte das Prandium freilich nicht unbedingt zu tun: Eingenommen wurde es oft in einer Art antikem Schnellimbiss und im Stehen. So etwas hat auch heutzutage keinen Stil: Niemand wird das Verschlingen einer Bratwurst auf dem Fußballplatz während der Halbzeitpause ein Picknick nennen – auch wenn es unter freiem Himmel geschieht, weil die Tribüne nicht überdacht ist.

Historiker wie die Französin Julia Csergo haben herausgefunden, wo das Wort Picknick erstmals schriftlich erwähnt wurde: In einem Roman des französischen Schriftstellers Jean de La Bruyère (1645-1696). Das darin beschriebene „pique-nique" zeichnet sich freilich dadurch aus, dass der Protagonist von dem Essen, das seine Gäste mitbringen, einen Teil für sich beiseite schafft: „S'll se fait chez lui une picque-nique, il met en réserve une partie de tout ce qu'on lui a apporté." Das kann man unter dem Aufpicken von Kleinigkeiten offenbar auch verstehen. Wenig freundschaftlich.

Als das Wort dann 1740 erstmals in einem französischen Lexikon auftauchte, sei darunter zunächst lediglich eine Mahlzeit verstanden worden, bei der jeder Teilnehmer seinen Anteil zahlte, wie Csergo schreibt. Es dauerte also noch etwas, bis Ende des 18. Jahrhunderts die Adligen in Paris und London Gefallen daran fanden, sich in der Natur vom Gedränge und vom Schmutz der Großstadt zu erholen. Essen und Getränke nahmen sie mit zur Landpartie und das Wort Picknick bekam so einen ganz neuen Klang.

Die Schlemmereien in der Sommerfrische wurden beliebt, auch bei den Künstlern. Es gibt wohl kaum einen Impressionisten, der nicht eine Picknickszene gemalt hätte. Zu den bekanntesten dieser Bilder zählt Édouard Manets Werk „Le Déjeuner sur l'herbe" (Frühstück im Grünen): Dass eine Frau von Manets Picknickgesellschaft völlig nackt war, fand selbst das Pariser Publikum damals skandalös. Im sittenstrengen und prüden England zu Zeiten von Queen Victoria begeisterte sich die Bevölkerung ebenfalls fürs Picknicken. Die Königin selbst soll gerne im Freien gespeist haben, und auch die Erfindung des Picknickkorbs geht wohl auf das Konto der Engländer.

Picknick-Szenen waren damals auch in der Pfalz zu beobachten: Am 30. Juni 1860 schrieb der Hofmarschall des bayerischen Königs, Generalmajor Freiherr von La Roche, an den Gimmeldinger Weingutsbesitzer Johann Wilhelm Lingenfelder: „*Ludwigshöhe. Lieber, verehrtester Herr Lingenfelder! Morgen, Sonntag, wollen Seine Majestät der König Ludwig mit I.K. Hoheiten dem Großherzog und der Großherzogin von Hessen, dann S.K.H. dem Prinzen Adalbert durch das freundliche Gimmeldingen auf jenen Platz fahren, wo die herrliche Aussicht ist und jener Kirschbaum steht, der Ihnen gehört, und wo die Herrschaften schon so manchmal eine sehr frohe Stunde zugebracht haben.*"

Wenn Ludwig I. in seiner Sommerresidenz, der 1852 fertiggestellten Villa Ludwigshöhe bei Edenkoben, weilte, dann machte er hin und wieder auch einen Abstecher nach Gimmeldingen. In der Nähe des Ortes stand auf einer Anhöhe ein Wingertshäuschen. Es ist einer dieser idyllischen Plätze der Pfalz mit großem Rheinebene-Panorama. Der achteckige Pavillon mit seinen fünf Fenstern und einer goldenen Turmspitze bot freilich der königlichen Ausflugsgesellschaft kaum ausreichend Platz. So saß man nebenan unter dem mächtigen Kirschbaum.

König Ludwig I. hatte 1848 nicht zuletzt wegen des Skandals um seine Geliebte, die Tänzerin Lola Montez, abdanken müssen. Ein glücklicher Mann war er zu dieser Zeit wohl kaum. Doch die Stunden, die er Jahre später am Gimmeldinger Kirschbaum genoss, gehörten offensichtlich zu seinen Glücksmomenten. Hofmarschall von La Roche schrieb beispielsweise über eine dieser Stippvisiten: „Da war alles recht munter." Der Pavillon steht immer noch, er wurde schön res-

Bayernkönig Ludwig I. besuchte ihn einst, heute ist er ein beliebter Treffpunkt beim Mandelblütenfest: der Pavillon bei Neustadt-Gimmeldingen.

tauriert, die Spitze glänzt wieder golden. Allerdings ist die Ortsbebauung mittlerweile auf einer Seite ganz nah an das Wingertshäuschen herangerückt. Doch wer in königlichen Ausblicken schwelgen möchte, dem macht es dieser Platz immer noch leicht: Sträucher verdecken das Atomkraftwerk Philippsburg und die Windräder, die im Rhein-Pfalz-Kreis stehen. Die Illusion ist fast perfekt, links ist der Speyerer Dom zu sehen, ganz rechts das Hambacher Schloss. Und wer nach oben schaut, blickt in einen prächtigen Kirschbaum.

Info

Hinkommen:
Vom Neustadter Ortsteil Gimmeldingen führt am Haardtrand eine Mandelbaum-Allee Richtung Königsbach. Am Beginn der Bebauung, auch dieser Teil ist noch Gimmeldinger Gemarkung, liegt rechts der König-Ludwig-Pavillon.

Pistazien-Römersauce

Von Marcus Gavius Apicius ist ein römisches Kochbuch aus der Zeit von etwa 30 nach Chr. überliefert. Die Rezepte enthalten aber nur ungenaue beziehungsweise spärliche Mengenhinweise. Die Zubereitung dieser Sauce war also ein Experiment – es ist aber ganz gut ausgegangen.

2 EL Cranberries und Rosinen gemischt
30 g Pistazien
70 g brauner Zucker
10 Korianderkörner (ganz lassen)
1 TL Butter
4–6 EL Apfelessig

❶ Rosinen und Cranberries in heißem Wasser einweichen.
❷ Pistazien und Korianderkörner ohne Fett in einer Gusseisenpfanne anrösten. Dabei stehen bleiben! Denn erst passiert nichts und dann geht es ganz schnell.
❸ In Butter den braunen Zucker ankaramellisieren lassen. Dann kommt der Essig hinzu; zu beachten ist, dass der Essiggeschmack beim Kochen schnell verfliegt. Nur ganz kurz mit dem karamellisierten Zucker in Verbindung bringen und dann vom Herd nehmen.
❹ Jetzt alles, bis auf einige Pistazien, mit der Küchenhexe pürieren. Mit etwas Salz und Pfeffer abschmecken. Pistazien darüber streuen.

Römische Fischsauce

4 Sardellen
Harissa (Paste aus Chili, Paprika, Branntweinessig, Salz, Kümmel, Kreuzkümmel)
1 EL Tomatenmark
ca. 70 g brauner Zucker
ca. 4 – 6 EL Apfelessig (kein Balsamico!) oder normaler Weinessig

❶ Auch hier sind wieder die Römer, wahrscheinlich auch wegen der Haltbarkeit der Sauce, mit Zucker und Essig zugange gewesen. Sardellen, Harissa und Tomatenmark werden zusammen püriert.
❷ Dann die karamellisierte Zucker-Essig-Mischung (siehe Rezept Pistazien-Römersauce) beifügen.

XELIUM
AMBI 200

Der Pomeranzen-Pfeil

In Matzenbach warten am Ende des Bogenschieß-Parcours bittersüße Versuchungen

Lieblich, blühend und mit Weite: das Nordpfälzer Bergland bei Matzenbach. Hügel und Täler prägen die Landschaft.

In der Abendsonne funkelt er wie Gold: Pomeranzen-Senf. „Ich habe nur ganz wenig davon gemacht“, sagt Rainer. Vorsichtig, fast andächtig wird der Probierlöffel in das Glas getupft. „Der Hammer“, sagt Rolf. „Unglaublich“, sagt Rainer. Der Extrakt aus Pomeranzen, Ingwer, Koriander, Piment, Orangensaft und Senfpulver ist eine Wucht. An diesem Ort könnte man auch sagen: Der Pomeranzen-Senf ist ein Pfeil, der mitten ins Genießerherz trifft. Die Aromen explodieren am Gaumen.

Der Picknick-Platz liegt auf einem kleinen Plateau über Matzenbach im Kreis Kusel. Er ist Ausgangspunkt eines Bogenschieß-Parcours, der über Felder, Wiesen und durch Wald zu immer neuen Stationen führt. So urig wie der Parcours ist der Platz: Naturdusche, ein alter Bauwagen, Feuerstelle, Grill, Sitzbänke und weite Blicke über die sanften Hügel des Westrichs. Wer das Zentrum der Entspannung sucht, findet es hier. Der Ort ist ein Volltreffer – genauso wie dieser Pomeranzen-Senf.

Doch wie kam die Pomeranze überhaupt hierher? Das war ein langer Weg. Die Pomeranze ist eine Bitterorange; vor rund 1000 Jahren hatten die Araber die exotische Zitrusfrucht nach Sizilien und Spanien gebracht. Der renommierte deutsche Botanik- und Medizin-Professor Kurt Sprengel (1766-1833) lieferte 1805 in der von ihm herausgegebenen Gartenzeitung („Repertorium neuer, gemeinnütziger und wissenswürdiger Dinge in allen Zweigen der Gartenkunst“) eine Erklärung dafür, wie Pomeranzen und Zitronen von Sizilien schließlich in die Pfalz gelangten: „Wahrscheinlich hat die Gemahlin des

Der Bogenschieß-Parcours führt durch Wiesen, Felder und Waldstücke. Dort sind 28 Ziele aufzuspüren. Geschossen wird auf lebensgroße Tiere aus Kunststoff. Anfänger haben aber zunächst genug mit der richtigen Handhabung des Bogens zu tun.

Kurfürsten Ludwig IV., Margarethe von Savoyen, in den Jahren 1442 bis 1449 zu dieser Einführung in der Pfalz vieles beigetragen." Die hochgebildete Frau war vor dieser Ehe mit dem Titularkönig von Sizilien verheiratet gewesen. Ihr Mann starb jedoch früh, so kam es später zur Verbindung mit dem Kurfürsten von der Pfalz.

Botaniker Sprengel folgerte aus dieser Vorgeschichte: „Margarethe hat also als Königin von Sizilien die Schönheit der Pomeranzen und Zitronen und ihre Nützlichkeit kennengelernt und in der Folge mitgewirkt, diese reizenden Stauden an ihr neues Vaterland, die Pfalz, anzugewöhnen." Schon 1530 seien diese Bäume so bekannt gewesen, dass man sie nicht nur in

Nicht immer kreisen die Tischgespräche ums Essen: Rainer erklärt gerne die Wunder der Natur.

den Orangerien des Heidelberger oder Schwetzinger Schlosses antraf, sondern auch „häufig in den Gärten der Bürger", wie Sprengel schreibt.

Von dieser Pracht ist freilich nicht viel geblieben. Wer heute in der Pfalz nach Pomeranzen sucht, tut sich schwer. Als der Südpfälzer Weinort Birkweiler jüngst sein 725. Dorfjubiläum feierte, hatten dort Susanne Lang und Ludwig Ritter dafür einen besonderen Aperitif kredenzt: „Sora". Ein Birkweilerer Spätburgunder-Roséwein, der nach dem Vorbild des französischen „Vin d'Orange" über Monate hinweg im Fass mit Pomeranzen, Vanille und Zucker aromatisiert worden war. „Die Bitterorangen dafür haben wir uns auf dem Karlsruher Großmarkt geholt", sagt Ritter. In den Gärten der Pfälzer Bürger war das Duo nicht fündig geworden. 1200 Flaschen haben die beiden damals produziert und zunächst auch damit geliebäugelt, daraus eine Geschäftsidee zu machen. Doch Lang und Ritter merkten rasch, dass dies neben dem eigentlichen Beruf kaum zu schaffen ist: „Dafür fehlt uns einfach die Zeit." Ein paar Dutzend Flaschen hat das Birkweilerer Paar noch – zwei davon haben sie den drei Picknickern spendiert, als die nach Pfälzer Pomeranzen suchten.

„Sora" ist ein frischer, mit 11,5 Prozent auch ein eher leichter Aperitif. Der Pomeranzenzauber wirkt schon beim ersten Schluck: Man schließt die Augen und spürt, wie diese bittere Süße sich ausbreitet, umschmeichelt und lange nachvibriert.

Seinen verführerischen Senf reicht Rainer zu gegrillten Köfte – türkische Frikadellen aus Rind- und Lammfleisch. Dazu gibt es noch zwei verschiedene Ketchups und zwei Sau-

Ein kulinarischer Volltreffer: der selbst zubereitete Senf auf Pomeranzenbasis. Da möchte man den Probierlöffel gar nicht mehr aus der Hand geben. Aromatisiert hat Rainer den Senf mit einem Bitterlikör, der aus Pommern kommt.

cen – alles selbst gemacht, alles auf Pomeranzenbasis. Die Poren und Geschmacksnerven sind ganz weit geöffnet. „Mmmh, wie ist das lecker", sagen Hedwig und Rolf. Sie wissen, dass Rainer sich gerne loben lässt. Er hat einmal erzählt, wie er früher oft in seiner Studenten-WG gut gekocht hatte, das Essen aber von den Mitbewohnern wortlos heruntergeschlungen wurde. Natürlich fand er das grässlich. Hedwig und Rolf sagen es noch einmal: „Unglaublich lecker." An diesem Lob ist nichts übertrieben.

Den ätherischen Ölen aus der Pomeranzenschale werden übrigens auch heilende Wirkungen nachgesagt: Sie sollen unter anderem bei Appetitlosigkeit und Nervosität helfen. Appetitlosigkeit? Daran leiden die Freunde heute nicht. Nervo-

Lamm- und Rinderhack werden für Köfte benötigt. In der türkischen Küche soll es rund 300 verschiedene Köfte-Rezepte geben. Die Pfälzer Picknicker haben sich für eine Variante mit Koriander und Knoblauch entschieden.

sität? Vielleicht ein bisschen. Denn alle drei sind erstmals auf einem Bogenschieß-Parcours unterwegs. Doch sie haben zwei erfahrene Betreuer an der Seite: Karin und Roland Kirsch von der Bogenschießabteilung des TV03 Ramstein. Rainer erzählt die Geschichte, wie er sich einst aus Haselnuss-Ästen selbst Bögen geschnitzt hat. „Das funktioniert nie", sagt Kirsch und lacht: „Die Pfeile müssen zum Bogen passen."

„Die Sehne spannen", fordert Karin Kirsch, „und bis zum Mundwinkel ziehen". Dort klebt noch etwas Pomeranzensenf, doch die Geschmacksnerven sind jetzt nicht gefragt. Die beiden Ramsteiner coachen geschickt und bringen so auch Anfänger ans Ziel. Auf dem Matzenbacher Parcours ist es meist ein ungewöhnliches Ziel: Geschossen wird auf lebensgroße Tiere aus Kunststoff. Schon zum Auftakt kommt es zu einer seltsamen Begegnung. Vorne steht ein bulliges Nashorn. Mitten im Matzenbacher Gras!? Wie skurril. Wie schräg. Vielleicht auch etwas fragwürdig.

Wie auch immer: Angesichts eines Nashorns, das mitten im Pfälzer Acker steht, erscheinen Pomeranzenbäume in Pfälzer Bürgergärten plötzlich überhaupt nicht mehr exotisch …

INFO

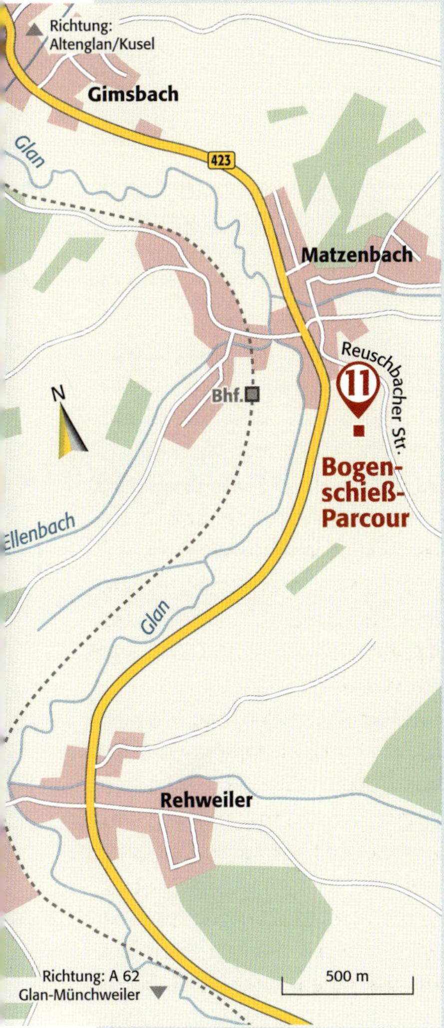

HINKOMMEN

Von der A 62 (Abfahrt Glan-Münchweiler) Richtung Matzenbach fahren, im Ort in die erste Straße rechts abbiegen, nach etwa 50 Metern wieder rechts. Am letzten Haus auf der rechten Seite der Reuschbacher Straße (Nummer 10) ist die Anmeldung für den Parcours. Das Gelände selbst liegt weiter oben am Hang.

Bogenschieß-Parcours Matzenbach: 28 Stationen, Benutzungsgebühr: 5 Euro, Schützen müssen ihre eigenen Bögen mitbringen. Internet: www.bogensport.matzenbach.de, Telefon: 06383/5195.
Bogensport-Abteilung des TV03 Ramstein, Internet: www.bogensport-ramstein.de, Roland Kirsch, 06371/71226.

DER PLATZ

mehrere Sitzbänke, Tische, Grill, Toilettenwagen, Papierkorb.

BAHNHOF

Eisenbach-Matzenbach (www.vrn.de).

KARTE

Westpfalz Mitte Pfälzer Bergland mit Westpfälzischer Moorniederung, ISBN 978-3-89637-413-4.

Ab auf die lange Bank

Diese Bänke sind kein Platz für traute Zweisamkeit, sondern ein Sitzmöbel im XXL-Format: Auf der Bank von Jettenbach beispielsweise hätten wohl rund 60 Personen Platz. Der Ortsbürgermeister, ein Forstarbeiter und drei rüstige Rentner aus der 850-Einwohner-Gemeinde im Kreis Kusel hatten vor Jahren kräftig zu- und angepackt: In rund 50 Arbeitsstunden wurde aus dem Stamm einer Weißtanne die neue Paradebank des Ortes gefertigt. 24,4 Meter ist sie lang. Aufgestellt hat man sie am Rasenplatz des TuS Jettenbach, direkt hinter einem der beiden Fußballtore. Von hier hat man den besten Blick, wenn die TuS-Stürmer treffen. Aber auch Wanderer legen dort gerne einen Zwischenstopp ein – denn die Bank liegt schön im Schatten.

Doch wie kommt man auf die Idee, eine Bank so lang wie ein halbes Freibad zu zimmern? Im Fall der Jettenbacher war auch etwas Rekordstreben im Spiel. Denn fünf Dörfer weiter im Nachbarort St. Julian steht bereits seit einigen Jahren eine 15,4 Meter lange Bank direkt an Radweg und Draisinenstrecke. Die Jettenbacher geben zu: „Wir wollten einfach eine größere Bank machen."

Der Ortsbürgermeister von St. Julian nimmt es mit Humor: „Deswegen bekommen wir keinen Streit." Als 2004 der Radweg gebaut worden sei, habe man gesagt, jetzt brauche der Ort aber ein paar Bänke für seine radelnden Rentner, damit die sich ausruhen könnten. In St. Julian wurde überlegt und gescherzt: „Wir haben so viele Rentner, da reicht eine Bank gar nicht." Der Ortsbürgermeister hatte schließlich die Idee mit der Riesenbank – bei der passen rund drei Dutzend Senioren drauf. Und der Platz ist auch bei den Ausflüglern beliebt, die auf der Draisinenstrecke Altenglan-Staudernheim unterwegs sind: Gerne wird dort beim Pausemachen die Bank gedrückt.

Doch solche Gelegenheiten gibt es nicht nur im Kreis Kusel: Bei Edenkoben wurde 1901 aus Anlass des 80. Geburtstags seiner Königlichen Hoheit des

Am Naturlehrpfad „Bach ohne Grenzen“ bei Eppenbrunn steht eine Bank mit bequemen Sitzschalen. Sie trägt die Initialen des Kettensägenschnitzers: P.S.

Prinzregenten Luitpold von Bayern ein Denkmal samt einer insgesamt 9,4 Meter langen Steinbank im Halbkreis errichtet. Gestiftet wurde sie von der Pfälzischen Kampfgenossenschaft. Dieser Verband mit zeitweise bis zu 30.000 Mitgliedern war 1873 zur Pflege vaterländischer und monarchischer Gesinnung gegründet worden. Die Luitpoldbank ist indes ein friedlicher Ort, von dem man schön in Richtung Hambacher Schloss schauen kann.

Die längsten Bänke der Pfalz sind schon von ihrer Bestimmung her ein Platz an der Sonne: Denn dort kann man mit ganz vielen Freunden fröhlich zusammensitzen. Oben im Pfälzerwald bei Neustadt hatten 2005 Waldarbeiter nahe der Hellerhütte aus einer 110 Jahre alten Tanne eine 17,6 Meter lange Bank herausgesägt. Inzwischen ist sie nur noch halb so lang, weil offenbar beim Holzmachen etwas unachtsam rangiert wurde. Der Blick aufs Höllischtal und nach Erfenstein ist aber immer noch eine Pause wert.

Und auch einer der besten Kettensägenschnitzer der Pfalz, Perry Sutton aus Fischbach (Kreis Südwestpfalz), hat Sitzplätze geschaffen. Auf seine eigene, besondere Art. „Ich wollte keine stinknormale Bank machen, sondern etwas Anspruchsvolleres und dazu Bequemes“, sagt er. Seine 11,5, Meter lange Bank hat 14 Sitzschalen, die aus einer Douglasie herausgeschnitten wurden. Das einladende Stück steht am 2005 eingeweihten Naturlehrpfad „Bach ohne Grenzen“ bei Eppenbrunn (Kreis Südwestpfalz). „Kunst mit Getöse“ nennt Sutton seine Arbeiten: Anfangs waren es Waldtiere aus Holz, zuletzt hat er die Figur der griechischen Bergnymphe Daphne aus einem Pappelstamm geschnitzt. Dank der Weiterentwicklung der Technik ist eine Kettensäge mittlerweile fast ein Präzisionswerkzeug. „Einen Adler mache ich heute zu 90 Prozent mit der Kettensäge, früher ging das nicht“, meint Sutton.

Wirklich gemütlich ist auch die Burgundertafel im Annweilerer Ortsbezirk Gräfenhausen: Inmitten von Weinbergen, direkt am Burgunderweg gelegen, stehen eine 8,5 Meter lange Bank und ein mächtiger Tisch. Dort kann man seine Brotzeit genießen und dabei auf Trifels, Anebos und Münz schauen. Die Burgundertafel wurde von der Gräfenhausener Straußjugend mit Hilfe einiger freiwilliger Bürger 2011 errichtet. Eine weitere besondere Sitzprobe erwartet einen auch am Bahnhaltepunkt in Kapsweyer (Kreis Südliche Weinstraße): Die Freiwillige Feuerwehr baute dort die längste

Direkt an der Draisinenstrecke verspricht diese 15,4 Meter lange Bank in St. Julian im Kreis Kusel eine besonders ausgedehnte Pause.

Bank am „Viehstrich“. Sie wurde aus einem Eichenstamm zugeschnitten. Wer nachmessen will: 8,67 Meter soll sie lang sein.

Fazit: Es gibt also Orte in der Pfalz, wo sich die Last des Alltags auch einmal ganz bequem und lange aussitzen lässt.

Info

Burgunderweg:
www.trifelsland.de („Wandern & Burgen“) oder www.burgunderdorf.de („Gäste“, „Wandern“).
Burgundertafel:
www.burgunderdorf.de („Impressionen“, „Rundgang“).

Draisinenstrecke Kreis Kusel: www.draisinentour.de.

Gegrillte Köfte

800 g Lammhack
800 g Rinderhack
2 Eier
1 mal fertiges Köftegewürz
1 EL zerstoßener Koriander
Cayennepfeffer
4 Zehen Knoblauch
1 EL türkischer Paprika
Salz

❶ Die Zutaten mit den Eiern und etwas lauwarmem Wasser anrühren.
❷ Aus der Masse handtellergroße Fladen formen.

Anmerkung zu den folgenden drei Rezepten: Alle Pomeranzensaucen wurden aromatisiert mit „Alte Pomeranze Premium, Pommerischer Bitterlikör" (Bezug: www.alte-pomeranze.de).

Pomeranzen-Ketchup

500 ml Tomatenfleischwürfel, geschält und entkernt
1 rote Paprika (geschält, fein gewürfelt)
2 rote Zwiebeln, fein gewürfelt
8 getrocknete Tomaten (keine eingelegten)
70 ml Weinessig
5 EL Balsamico
4 EL brauner Zucker
2 EL Öl
2 EL Bitter-Orangen-Marmelade
8 TL „Alte Pomeranze" (Bitterlikör)

❶ Die Tomaten in den beiden Essigen etwa 10 Minuten weich kochen. Dann fein würfeln. Den Essig aufbewahren.
❷ Die Zwiebeln unter ständigem Rühren glasig dünsten, bis sie sehr weich, aber noch hell sind. Paprika, Tomatenfleisch und Essig hinzugeben und aufkochen.
❸ Dann den Zucker und Orangenmarmelade hinzufügen. Unter Rühren nochmals aufkochen, bis das Ketchup schön zu glänzen beginnt.
❹ Pomeranzen-Bitterlikör einrühren (Menge eventuell erhöhen), mit Pfeffer und Salz abschmecken. Nochmals aufkochen und heiß in verschließbare Gläser füllen.

Pomeranzen-Senf

300 ml Orangensaft
Saft einer Zitrone
ca. 60 g Ingwer, ganz fein geschnitten
10 g Koriander
etwas Piment
4 TL Senfpulver (am besten Colman's)
Bitterlikör „Alte Pomeranze" (nicht zu knapp)
2 Eier
Gelierzucker

❶ Saft und Bitterlikör mit Ingwer erhitzen und reduzieren.
❷ Koriander und Piment mörsern und leicht rösten. Senfpulver mit Wasser anrühren. Dann alles mit Eiern und Gelierzucker (2:1) kurz aufkochen. Etwas salzen.

Pomeranzen-Sauce

300 g rote Johannisbeeren
300 g schwarze Johannisbeeren
5 EL „Alte Pomeranze" (Bitterlikör)
geraspelte Schale einer Zitrone
Saft einer Zitrone

Johannisbeeren im Zitronensaft aufkochen und durch ein Sieb reiben. Wenig Gelierzucker (ca. 150 g) und Pomeranze-Bitterlikör dazugeben.

Um die Wurst

Ein ruhiger Sonntag mit Solarkocher und Dünenblick bei Speyer

Gibt Überraschendes preis: Rainer kennt nur ein einziges Gericht auf der Welt, das mit Maggi gewürzt werden muss. Es ist ein unterfränkischer Kartoffelsalat mit viel Speck.

Ein milder Spätsommertag. Dazu windstill. Fast perfekt. Aber eben nur fast. Denn es fehlt der Sonnenschein. Im Hohlspiegel des Solarkochers drehen sich die Wolken, die kleine schwarze Röhre im Brennpunktbereich ist nur handwarm. In der Dose stecken drei Würstchen und harren darauf, dass ihnen Sonnenenergie einheizt. Genauer: Die drei Picknickplatz-Tester warten darauf. Der Solarkocher ist kein Profigerät, er stammt vielmehr aus einem Experimentierkasten für Jugendliche. „Der Zusammenbau aus den vorgefertigten Teilen ist auch etwas für weniger geduldige Kinder, da er relativ einfach und schnell mit Schrauben, Muttern und Gummiringen montiert ist", heißt es in der Beschreibung. Das mag sein. Doch auch ein rasch zusammengebauter Solarkocher wird zur harten Geduldsprobe, wenn die Sonne fehlt.

Ansonsten ist dies ein Ort, der sofort Urlaubserinnerungen weckt. Denn die Sanddünenlandschaft zwischen Speyer und Dudenhofen gehört zu den exotischsten Ecken der Pfalz: Man wähnt sich am Atlantik, am Mittelmeer oder an der Ostsee. Herzstück ist der sogenannte „Ameisenbuckel", eine etwa 250 Meter lange Düne. Ihr Ursprung wurzelt in der Eiszeit, vor über 10.000 Jahren wurden wohl in trockenen, kalten Perioden Sande, die zuvor aus dem Pfälzerwald in den Rhein geschwemmt worden waren, im Flussgestein ausgeblasen. Und aufgeweht zu meterhohen Sandbergen. Ähnliche Binnensanddünen gibt es im Kreis Germersheim und auch auf der anderen Rheinseite, beispielsweise im nordbadischen Sandhausen oder bei Oftersheim in der Nähe von Schwetzingen.

Als Bausatz erhältlich: kleiner Solarkocher für den kleinen Hunger.

Zum „Ameisenbuckel" bei Speyer führt ein Pfad durch Brombeergestrüpp und Gehölz. Von der Zufahrtsstraße sind es nur wenige Schritte. Doch es fühlt sich an, als wäre man mit Siebenmeilenstiefeln in den Süden unterwegs. „Man denkt richtig, wir gehen zum Strand", sagt Hedwig schon nach den ersten Metern. Das liegt am Geruch der Kiefern – und natürlich an dem vielen Sand.

Nur das Meeresrauschen fehlt. Seine Strandmatte würde man hier trotzdem gerne ausrollen. Das Gelände dient der Bundeswehr als Übungsplatz. Außerhalb der Nutzungszeiten ist das Betreten jedoch „zur stillen Erholung" und „auf eigene Gefahr" geduldet, wie es auf den Hinweisschildern heißt. Idyllische Plätzchen lassen sich dennoch finden – manche sogar mit Dünenblick. Gleich drei Kartoffelsalate tischt Rainer auf. „Es gibt 96.000 verschiedene Kartoffelsalate, da kann man einfach alles machen", behauptet er frech. Doch besonders am Herzen liegt ihm das Rezept seiner Mama: Bei dieser unterfränkischen Spielart lässt man die Kartoffeln ausgelassenen Speck aufsaugen. Und es kommt etwas hinzu, was Hobbykoch Rainer sonst nie freiwillig verwenden würde: „Das ist das einzige Rezept auf der Welt, wo Maggi rein muss." Mhhh. Zum

„Qualle auf Sand" ist ein legendärer Nachtisch aus einer Konditorei auf Sylt – die Kreation passt aber auch bestens zur Pfälzer Dünen-Atmosphäre.

wiederholten Mal greift Rolf an die Röhre des Solarkochers. Handwarm. Allenfalls. Eher weniger. Doch unterfränkischer Kartoffelsalat schmeckt auch mit kalten Würstchen.

Dass der „Ameisenbuckel" sich auch heute noch als Düne präsentiert und nicht zugewuchert ist, liegt kurioserweise gerade an der Nutzung des gesamten Geländes als Truppenübungsplatz. Das Areal war 1936 beschlagnahmt und zum „Exerzier- und Schießplatz" bestimmt worden. Später trainierten die französischen Streitkräfte in der Dünenlandschaft, seit den 1990er Jahren übt dort die Bundeswehr. Aber offenbar nur sporadisch – so bleibt genügend Zeit und Raum für die „stille Erholung".

Demnächst will die Bundeswehr ihren Standort Speyer aufgeben, danach könnte zumindest ein Teil der Flächen zum Naturschutzgebiet werden. Die Sanddünen-Landschaft gilt als wertvolles Biotop, mehr als 700 Schmetterlingsarten, etwa 230 Käfer-, 130 Wespen- und ebenso viele Bienenarten sind dort zu Hause. Angesichts dieser Vielfalt erscheinen drei Kartoffelsalate fast ein wenig armselig. Selbst wenn Rainers zweite Variante – mit Curry, Senf und Zucker – einen auch geschmacklich auf eine Reise zu fernen Ufern mitnimmt.

Wieder einmal zuverlässig im Einsatz: die „Klack-Klack-Klack-Sahnemaschine.

Beim Nachtisch sind die drei Picknicker dann wieder ganz bei der Düne: ein Glas voller Heidesandkekse und obendrein „Qualle auf Sand“. Das sind Nusskuchen-Stückchen mit Sauerkirschen-Karamell und Sahne. Erfunden und zum Klassiker gemacht hat diese süße Versuchung ein Konditor auf Sylt. An diesem Tag sieht es aber eher nach Qualle im Dünensand aus. Picknickfähig wird das Ganze freilich erst, weil Hedwig – wie beim allerersten Ausflug der drei – wieder ihre altertümliche Sahnemaschine dabei hat: eine Blechdose, in die ein Metallstampfer mit drei Siebscheiben eingesetzt ist. „Klack, klack, klack“. Im Handumdrehen ist die Sahne steif. Fast schneller als zu Hause mit dem Elektrogerät.

Rainer probiert einen Löffel „Qualle auf Sand“. Und noch einen. Dann steht sein Urteil fest: „Das ist die friesische Antwort auf Schwarzwälder Kirschtorte, aber ich bleibe lieber bei Schwarzwälderkirsch.“ Und schnappt sich stattdessen einen von Hedwigs Heidesandkeksen, um damit die Sahne vom Metallstampfer zu kratzen. Rainer blickt begeistert: „Solch kleine Überraschungen, das ist das Schöne am Picknick.“ Die einfache Kombination aus Sahne und Keks zündet auch bei den anderen: ein Knabberfeuerwerk.

Rund 250 Meter lang: die Binnendüne zwischen Speyer und Dudenhofen. Die einzigartige Landschaft ist ein wertvolles Biotop.

Die drei Freunde drehen sich auf den Rücken, blinzeln in den Himmel. Stille Erholung pur! „Dafür fahren andere 1000 Kilometer weit in den Urlaub“, meint Rolf. „Oder fliegen um die halbe Welt“, sagt Hedwig. Ein ruhiger, sehr gemütlicher Sonntagnachmittag neigt sich dem Ende zu. Seufzend packt das Trio zusammen. Ein prüfender Blick: Alles sauber? Alles picobello!

Plötzlich schieben sich die Wolken ein Stück auseinander, ein Teil der Düne liegt in der Sonne. Jetzt geht es tatsächlich um die Wurst. Der Solarkocher wird noch einmal in den Sand gestellt und ausgerichtet, endlich gleißt das Licht im Hohlspiegel. Wie lange wird es wohl dauern? Zwei Minuten, drei Minuten. Der Griff an die Kochröhre. „Aua!“ – Rolf schraubt den Deckel ab. Drei heiße Würstchen dampfen in der Dose.

Solarkocher machen glücklich – selbst dann, wenn man von drei Kartoffelsalaten, Qualle auf Sand und einem Dutzend Heidesandplätzchen mit Sahne eigentlich schon satt ist.

INFO

HINKOMMEN

Von der B 9 bei Speyer auf die L 454 nach Böhl-Iggelheim abbiegen, nach etwa 600 Metern zweigt links eine Zufahrt zum Übungsgelände ab.

KARTE

Wandern und Radwandern zwischen Rhein und Pfälzerwald (1:50.000), ISBN 978-3-89637-302-1. Detaillierter: Topographische Karte 6616, Speyer, ISBN 978-3-89637-137-9.

Binnendünen am Oberrhein: www.natura2000.rlp.de (Rubriken „Steckbriefe FFH-LRT", Steckbrief 2330 „Dünen").
Solarkocher-Bastelset, Bezug beispielsweise über: www.dieters-spielzeug.de.

Der Pfälzer Vogelwecker

„Bei denen piept's wohl!", wird mancher im Frühling und Frühsommer denken, wenn er in der Nacht vom Vogelgesang aus dem Garten geweckt wurde. In der Tat beginnen die Frühaufsteher unter den Singvögeln in dieser Zeit schon kurz nach 4 Uhr mit ihrem Gezwitscher. Doch was steuert den Biorhythmus von Gartenrotschwanz, Zaunkönig und Co.? Auslöser ist die jeweilige Dämmerungsintensität der hinter dem Horizont aufsteigenden Sonne. Der Grad der Helligkeit, bei der Vögel in den Tag starten, ist bei den Arten sehr unterschiedlich: Die Feldlerche kommt schon etwa 90 Minuten vor Sonnenaufgang aus den Federn, Grünfink und Distelfink beginnen dagegen erst eine halbe Stunde nach Sonnenaufgang mit dem Singen. Der Kaiserslauterer Ornithologe und Verhaltensbiologe Hans-Wolfgang Helb spricht von einem „genetisch fixierten Aufwachauslöser".

Kann man also anhand der unterschiedlichen Vogelgesänge die Uhrzeit bestimmen? „So plus, minus", meint Helb. Aber dafür muss man natürlich die Stimmen der verschiedenen Vogelarten genau kennen und auseinanderhalten können. Helb kann das. 35 Jahre lang lehrte der promovierte Privatdozent an der Technischen Universität Kaiserslautern. Die Heidelerche habe einen angenehm schwebenden, melancholischen Gesang, sagt Helb. Und macht es selbst gleich vor: Es klingt wie „lu-lu-la", eine abfallende Melodie. Nicht von ungefähr lautet der lateinische Name des gefiederten Nachtschwärmers „Lullula arborea". Anzutreffen sei die Heidelerche beispielsweise im Naturschutzgebiet „Mehlinger Heide" (Kreis Kaiserslautern). Der Ornithologe: „Sie singt im Flug, im dunklen Nichts über einem hört man plötzlich diesen Vogel." Ein Rückzugsraum der Heidelerche sind auch die Binnendünen am Oberrhein. Im Fall der Speyerer Düne, des „Ameisenbuckels", haben allerdings freilaufende Hunde diesen Vogel, der ein Bodenbrüter ist, weitgehend vertrieben. Derzeit gibt es Bestrebungen, einen Teil der Düne als Naturschutzgebiet auszuweisen – dann soll es auch einen Anleinzwang für Hunde geben.

Anderswo singt die Heidelerche noch und beteiligt sich am Vogelwecker. Aber wozu dient die morgendliche Hitparade überhaupt? Gerade die Männchen zeigen damit an: Ich bin da. Sie markieren oder besetzen ihr Revier. Oder sie signalisieren: Ich suche noch eine Partnerin. Jeder Vogel hat ein eigenes Zeitfenster für den Gesang, dazwischen gibt es Zäsuren – beispielsweise bei der ersten Nahrungsaufnahme. Wie oft ein Vogel am Tag zwitschert und trällert, hatte Helb mit seinen Studenten am Beispiel des Fitis untersucht. Dessen etwa drei Sekunden dauernde Strophe klingt wie „didi dije düe dea dea deida da". Erstmals war diese Tonfolge schon vor Sonnenaufgang zu hören – und dann noch rund 2500 Mal, die Schlussstrophe des Tages gab es erst nach 21 Uhr.

Doch nicht nur die Helligkeit ist ein Taktgeber, auch der Umgebungslärm. In Städten und an Straßen singen Vögel häufig lauter und in höheren Tonlagen, um über den Geräuschpegel zu kommen, berichtet Helb. Wissenschaftler des Max-Planck-Instituts für Ornithologie (Radolfzell) haben diese Zusammenhänge genauer untersucht: Sie verglichen Münchener Amseln mit solchen, die 40 Kilometer außerhalb der Stadt leben. Alle Vögel bekamen kleine Sender verpasst, die ihre Tagesaktivitäten festhielten. Die Waldamseln richteten sich weitgehend nach dem Rhythmus, den ihnen Auf- und Untergang der Sonne vorgaben. Die Stadtamseln jedoch starteten schon eine halbe Stunde früher in den Tag und waren auch abends etwas länger aktiv. Möglicherweise gerät also die innere Uhr von Vögeln durch Veränderung der Lebensbedingungen ähnlich aus dem Takt, wie dies beispielsweise bei Schichtarbeitern der Fall sein kann, die häufig zwischen Tag- und Nachtdienst wechseln müssen. Doch nicht nur das Stadtleben wirkt sich auf Vögel aus. Denn mitunter haben sie auch mitten in der Natur nicht die gewohnte Ruhe. Als ein Beispiel nennt Helb die laut plätschernde Moosalb im Karlstal (Landkreis Kaiserslautern). Aktiv ist der „Vogelwecker" ab Ende März, Mitte Juli verstummt der Gesang der meisten Arten. Dann gilt das Augenmerk der Aufzucht und Fütterung des Nachwuchses.

Beim Picknick in freier Natur dürfte auch manches Vogelkonzert serviert werden. Häufig mit dabei: die schwarze Amsel mit ihrem sehr melodiösen, abweichslungsreichen strophigen Gesang, und der Buchfink mit seinem kräftigen, abwärts verlaufenden „Schlag". Und dann gibt es noch einen speziellen Picknick-Ruf, wie Helb herausgefunden hat. Er kommt von der Wachtel. Diese leider sehr selten gewordene Vogelart bevorzugt offene Grasflächen mit geschlossener Krautschicht. Wer dort rastet und Glück hat, der hört vielleicht die Wachtel. Deren charakteristischer harter „pickwerwick"-Ruf, auf Silbe 1 und 3 betont, klinge fast wie „picknick", meint Helb. Wie schön!

Der „Wachtel-Schlag" ist wie Musik: Ludwig van Beethoven hat dieses eindrucksvolle akustische Natur-Erlebnis in seinem Lied „Wachtelschlag" für Tenor und Klavier einfühlsam vertont. Fritz Wunderlich (1930-1966), der bedeutende Tenor aus dem pfälzischen Kusel, war einer der genialen Interpreten dieses Stücks. „Der Wachtelschlag" gehörte auch zum Programm seines letzten Liederabends im September 1966.

Info

Rosl Rößner/Hans-Wolfgang Helb: Impressionen aus der Vogelwelt der Pfalz, 2011, 296 Seiten mit 300 Fotos, Pollichia-Sonderveröffentlichung Nr. 19.
Rößner/Helb/Schotthöfer/Röller: Vögel in Rheinland-Pfalz – beobachten und erkennen, 2013, 341 Seiten mit 900 Fotos, Bezug: bestellung@voegel-rlp.de.
Internet: www.birdpictures.de, www.pollichia.de, www.ff-rlp.de.

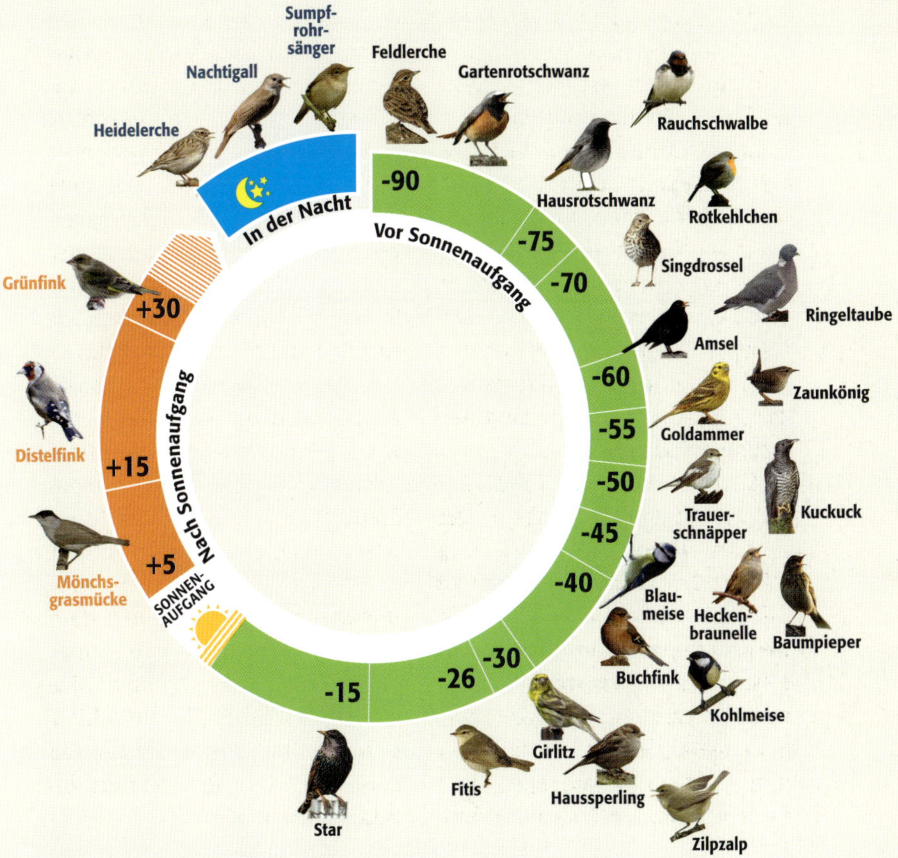

Beginn des Gesangs heimischer Vogelarten

In der Nacht

-90 90 Minuten vor dem Sonnenaufgang

+30 30 Minuten nach dem Sonnenaufgang

Die Kartoffelsalate

Unterfränkisch nach Mama

800 g Salatkartoffeln
1 Zwiebel
fetter Speck
Maggi
Salz
Pfeffer

❶ Kartoffeln in Salzwasser mit Kümmel kochen. Speck in ganz kleine Würfel schneiden und bei geringer Hitze auslassen, bis die Würfel knusprig sind.
❷ Kartoffeln schneiden, den Speck mit Fett dazugeben. Da die Flüssigkeit nicht reicht, Wasser in der Fettpfanne erhitzen und dazugeben. Zusätzlich ein Schuss Maggi, Salz, Pfeffer.
❸ Ziehen lassen und evtl. noch Brühe dazugeben.

Gelber Kartoffelsalat

800 g Salatkartoffeln
4 Zwiebeln (mittlere)
Curry
Senf
200 ml Gemüse- oder Hühnerbrühe
50 g Zucker
Essig, Salz, Pfeffer, Öl

❶ Zwiebeln karamellisieren, bis sie leicht braun werden. Curry, Senf, Brühe dazugeben und reduzieren. Mit dem Zauberstab pürieren, das Ganze durch ein Sieb pürieren. Essig dazugeben und abschmecken. Mit einfachem Öl (kein Olivenöl) aufmontieren.
❷ Auch hier sollte man Brühe zurückhalten, da die Kartoffeln sehr viel aufnehmen, der Geschmack wird durch die Süße und den leichten Currygeschmack bestimmt.

Gäu-Kartoffelsalat

250 g gekochte Kartoffeln in Scheiben
1 Bund Radieschen, gehobelt
½ geschälte Salatgurke, gehobelt
1 Bund Schnittlauch, fein geschnitten
2 Schalotten, klein geschnitten

Dressing aus:
1 EL Senf, 3 Esslöffel saure Sahne (20%), 3 Esslöffel Schmand (24%), 2 EL Estragonessig, 1 TL Zucker, Salz und Cayennepfeffer

SEITE

Mengenangaben: In der Regel für ein Picknick mit sechs Personen.

Die in den Folgen 5, 8 und 10 beschriebenen Terrinen stammen aus: Stéphane Reynaud, Terrinen & Pasteten: Die 106 besten Rezepte, Christian-Verlag.
Rezept für „Qualle auf Sand": Marion Kiesewetter: Eine Sünde wert: Die besten Rezepte aus norddeutschen Cafés, Boyens Buchverlag.

Rainer Gumpp, Jahrgang 1954, ist neben seiner Architektentätigkeit (gh2 architekten) Professor für Entwerfen und Tragwerkskonstruktion an der Bauhaus-Universität Weimar. Der gebürtige Würzburger lebt seit 1996 in Neustadt/Weinstraße, ist mit einer Pfälzerin verheiratet und spielt immer noch Fußball mit dem SV Waldmannsburg. Lieblings-Picknickplatz: Leinbachtal.

Hedwig Herberger, Jahrgang 1958, ist im Neustadter Ortsteil Haardt zu Hause. Sie ist Mutter von zwei erwachsenen Söhnen. Die studierte Industriedesignerin ist Inhaberin der Firma UNIPA Kunststofftechnik. Sie liebt die Abwechslung, den Dialog und den Augenblick. Lieblings-Picknickplätze: Leinbachtal, Kirschfelsen, Kranzwoog und der heimische Garten.

Gabi Himmer, Jahrgang 1957, ist Freie Architektin (gh2 architekten); in Kaiserslautern geboren und Wahl-Neustadterin seit 1996. Liebt von Haus aus den Wald und seine Bewohner und fotografiert alles, was sich bewegt und auch nicht bewegt. Lieblings-Picknickplatz: Kirschfelsen – schon wegen der phänomenalen Sicht.

Rolf Schlicher, Jahrgang 1955, ist Redakteur bei der Tageszeitung „DIE RHEINPFALZ". Dort zahlreiche Veröffentlichungen zu Pfalzthemen. Mitautor des Buchs „Tour de Pfalz – Ausflugsabenteuer zwischen Weinstraße, Wasgau und Westrich" (2012). Der gebürtige Kaiserslauterer lebt seit 1988 in Neustadt/Weinstraße. Lieblings-Picknickplätze: Rotenstein, Matzenbach, Leinbachtal.

Danksagung

Für Hinweise auf schöne Plätze, Tipps und Hintergrundinformationen danken wir Wilma Scheuermann, Peter Spengler, Heinz Illner, Ernst Glas, Thomas Fehr, Sigrid Sebald, Esther Locher, Gerhard Westenburger, Georg-Peter Karn und Peter Behrens. Für umfangreiche Unterstützung und treue Begleitung gilt unser Dank Annette Schlicher, Gunnar Herberger, Brigitte und Thomas Franck sowie Neele und Fido. Mit umsichtigen Korrekturen am Manuskript halfen Kathrin Thomas, Anke Herbert, Susanne Schlicher und Gabriele Koczorek.

Lieben das Alte wie das Neue (von links): Rolf Schlicher, Hedwig Herberger und Rainer Gumpp am Bogenschieß-Parcours in Matzenbach, wo ein ausgemusterter Bauwagen als Anmeldestelle und Informationsbörse dient.

Wanderkarten

Die Kartenangaben beziehen sich auf die Freizeitkarten des Landesamtes für Vermessung und Geobasisinformationen Rheinland-Pfalz. Für den Bereich des Naturparks Pfälzerwald gab es ursprünglich 23 Einzelkarten. Im Jahr 2007 veröffentlichte das Landesamt acht neue Karten, die das Naturparkgebiet abdecken (zugleich Wanderkarten des Pfälzerwald-Vereins). Diese enthalten nur noch die Hauptrouten und regionalen Wanderwege, aber nicht mehr die örtlichen Rundwanderwege der Gemeinden. Dazu sind die Karten nicht mehr so detailreich, so fehlen beispielsweise für etliche Geländemerkmale wie Weiher die Bezeichnungen. Zum Teil sind die alten Karten noch erhältlich; wo diese die bessere Information bieten, sind sie in diesem Buch angeben. Die Wanderkarten haben den Maßstab 1:25.000, die Radwanderkarten 1:50.000. Info: www.lvermgeo.rlp.de oder www.pwv.de.

„Die schönsten Picknick-Plätze der Pfalz" ist eine Serie der Tageszeitung „DIE RHEINPFALZ" (Ludwigshafen). Die Beiträge wurden für dieses Buch überarbeitet und durch zahlreiche Hintergrundgeschichten ergänzt. Neu entstanden sind die Texte auf den Seiten 16–19, 30–35, 68–69, 80–85, 113, 138–141. Alle Infoteile wurden aktualisiert und erheblich erweitert. Stand der Angaben: Mai 2014.

Fragen, Hinweise, Anregungen: redeswz@rheinpfalz.de

Fotonachweis

Alle Fotos Gabi Himmer, außer Gumpp (S. 153, 174), Hoffmann (S. 69), Lenz (S. 41, 97, 98, 164), Michno (S. 31), Rößner (S. 169), Schlicher (S. 15)

Impressum

Alle Angaben in diesem Buch wurden von Autor und Verlag sorgfältig erwogen und geprüft, dennoch kann eine Garantie nicht übernommen werden. Eine Haftung des Autors bzw. des Verlags für Personen-, Sach- oder Vermögensschäden ist ausgeschlossen.

Gesamtleitung: HMV höma Verlags GmbH & Co. KG
Redaktion: Rolf Schlicher
Karten: text und design, Sabine Spieckermann, Dortmund
Layout und Satz: Kaisers Ideenreich, Neustadt an der Weinstraße
Druck und Weiterverarbeitung: Westermann Druck Zwickau GmbH

ISBN 978-3-937752-29-7 12,80 Quodl.